清华
电脑学堂

SketchUp 2022
草图绘制 标准教程

卢根民 ╱ 著

U0286649

清华大学出版社
北京

内 容 简 介

本书在全面讲解SketchUp 2022自带的建模功能、绘图常识、默认面板、菜单栏功能的基础上,着重讲解基于SketchUp插件的使用方法及高级建模技巧,最后通过讲解基础造型、异形曲面造型建模及贴图案例,来巩固、提升前面所讲的内容。

全书共分8章,第1~5章全面讲解SketchUp 2022自带的功能——基础建模工具、绘图常识、默认面板、菜单栏功能等;第6~7章详细讲解了经典且必备的插件功能,如1001bit、JHS PowerBar、联合推拉、曲线放样、坯子助手、贝兹曲线、自由比例变形等;第8章通过讲解书桌、遮阳伞、楼梯、莫比乌斯环、热气球等模型的制作方法,巩固、提升基础工具及插件的用法。

本书适合作为高等院校建筑、规划、园林、室内设计等专业的教材,同时也可以作为相关行业的设计师及爱好者的参考用书。

本书封面贴有清华大学出版社防伪标签,无标签者不得销售。

版权所有,侵权必究。举报:010-62782989,beiqinquan@tup.tsinghua.edu.cn。

图书在版编目(CIP)数据

SketchUp 2022草图绘制标准教程 / 卢根民著. -- 北京 : 清华大学出版社, 2023.4

（清华电脑学堂）

ISBN 978-7-302-63374-7

Ⅰ.①S… Ⅱ.①卢… Ⅲ.①建筑设计-计算机辅助设计-应用软件-教材 Ⅳ.①TU201.4

中国国家版本馆CIP数据核字(2023)第068453号

责任编辑: 陈绿春
封面设计: 潘国文
责任校对: 胡伟民
责任印制: 宋 林

出版发行: 清华大学出版社
    网   址: http://www.tup.com.cn, http://www.wqbook.com
    地   址: 北京清华大学学研大厦A座 邮 编: 100084
    社 总 机: 010-83470000   邮 购: 010-62786544
    投稿与读者服务: 010-62776969, c-service@tup.tsinghua.edu.cn
    质 量 反 馈: 010-62772015, zhiliang@tup.tsinghua.edu.cn
印 装 者: 三河市龙大印装有限公司
经 销: 全国新华书店
开 本: 188mm×260mm 印 张: 15.25   字 数: 510千字
版 次: 2023年6月第1版 印 次: 2023年6月第1次印刷
定 价: 99.00元

产品编号: 099905-01

前　言

　　SketchUp 是由美国 Trimble（天宝）公司开发的通用计算机辅助三维设计软件，为用户提供了快捷的三维模型制作工具，可以快速制作简单的三维模型，并且在借助插件和渲染器的情况下，可以实现复杂的曲面模型制作和模型渲染。近年来，随着计算机技术的飞速发展，搭配 SketchUp 的插件和渲染器越来越多，SketchUp 被广泛用于建筑行业，如园林景观设计、室内设计、全屋定制、效果图绘制、建筑动画、门窗制作等。

　　SketchUp 发展到今天，虽然已经推出了很多版本，但是功能却差不多，无非增加了一些便捷小功能罢了，基本就没什么大变化。论 SketchUp 自带的建模功能，都是比较简单的。SketchUp 本身对于计算机的要求不高，运行起来非常流畅，安装使用插件建模也是完全没有问题的，而且 SketchUp 的核心操作还是在于插件的应用。

　　本书讲解的版本是 SketchUp 2022，由浅入深、循序渐进，先详细讲解了软件自带的基本功能，然后深入讲解市场上经典、实用的插件用法，最后精心筛选了有代表性的案例，通过对案例的学习，最大限度地让读者掌握命令的使用方法，精通绘制三维模型与材质贴图的方法技巧。

　　很多人觉得 SketchUp 简单，主要是因为没有使用插件，SketchUp 的难点还有精华都来自插件。插件不仅使建模更快捷，还给了 SketchUp 原本不具有的功能。很多复杂的造型，想通过 SketchUp 自带的命令绘制，基本不可能，需要通过插件才能实现。只要安装了插件，那些非常强大的功能即可出现在 SketchUp 中。

　　通过对本书的学习，读者不仅能掌握 SketchUp 自带的基础功能，更重要的是可以学会各种插件的用法。本书还以制作各种异形曲面造型的案例形式，让大家走进 SketchUp 的建模大神殿堂。可以做到见到实物，就能把模型制作出来。

本书的配套素材及视频教学文件请用微信扫描下面的二维码进行下载，如果有技术性问题，请用微信扫描下面的技术支持二维码，联系相关人员进行解决。如果在配套资源下载过程中碰到问题，请联系陈老师，联系邮箱：chenlch@tup.tsinghua.edu.cn。

配套素材　　　　　　　　　　教学视频　　　　　　　　　　技术支持

由于本人水平有限，书中难免有不足之处，恳请广大读者批评指正，作者将不胜感激。

作者

2023 年 5 月

目 录

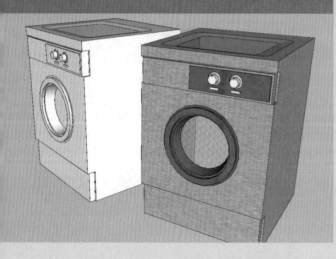

第4章　默认面板

第5章　菜单栏命令

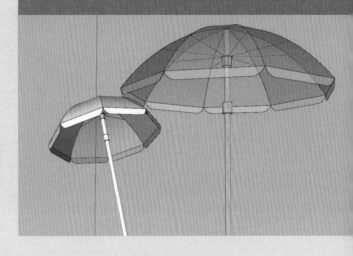

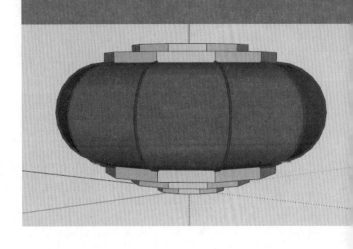

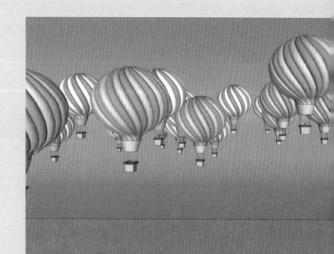

第1章
SketchUp简介

本章主要讲解 SketchUp 的发展史、软件功能及界面布局等。

1.1 SketchUp 的发展史

SketchUp 俗称"草图大师",简称 SU,是一款用于创建、共享和展示 3D 模型的软件。

在 SketchUp 中建立三维模型十分简单,可以直接绘制直线,直线形成的封闭区域就会形成面。当然也可以直接绘制面,通过推拉面得到立体图形。SketchUp 的建模流程简单明了,即画线成面,拉面成体。除此之外,还可以通过插件对生成的图形进行更复杂的变形处理,这就是该软件最常用的建模方法。

SketchUp 是一款非常适合设计师使用的软件,其操作十分简单,可以让你把全部心思都放在图形的设计上,不必过多考虑绘制的技巧。

SketchUp 已推出多个版本,SketchUp 5.0 后,该软件被谷歌公司收购,继而开发出 Google SketchUp 6.0 及 7.0 等版本。2012 年 4 月 27 日,SketchUp 被 Trimble(天宝)公司收购。2016 年 3 月 28 日,"炫云 for SketchUp 云渲染"发布,标志着 SketchUp 云渲染时代的来临。

1.2 SketchUp 界面

成功安装 SketchUp 软件后,双击 SketchUp Pro 2022 启动快捷方式图标,如图 1-1 所示,将软件启动,此时会弹出如图 1-2 所示的对话框,可以在该对话框中选择一个模板,注意此处选择的单位就是创建的项目所用的单位,此处选择"建筑毫米"。

图1-1

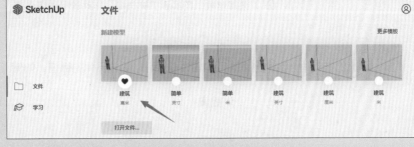

图1-2

选择单位后,就会正式进入 SketchUp 的绘图界面,如图 1-3 所示,所有的绘图操作都在这里进行。

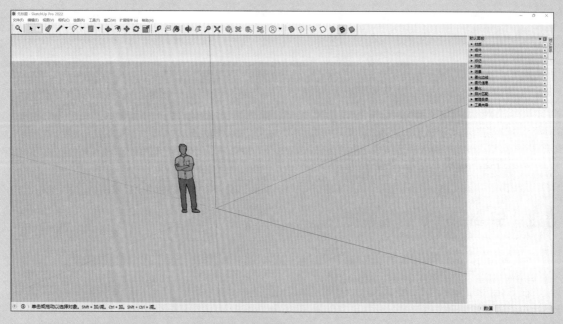

图1-3

操作界面的左上角将指出当前用的软件的版本，如图 1-4 所示。

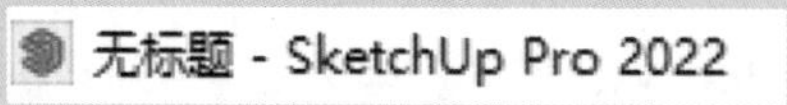

无标题 - SketchUp Pro 2022

图1-4

操作界面的顶部会提供菜单栏，在其中可以找到 SketchUp 的大部分命令，如图 1-5 所示。

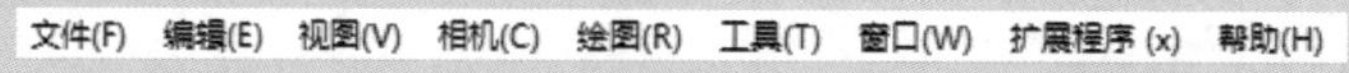

文件(F) 编辑(E) 视图(V) 相机(C) 绘图(R) 工具(T) 窗口(W) 扩展程序 (x) 帮助(H)

图1-5

操作界面的中间有一个人物模型的区域，也就是中间最大的区域为绘图区。

操作界面的底部为提示栏，在执行某些命令时会有提示，告知后面该如何操作，如图 1-6 所示。

选择对象。切换到扩充选择。拖动鼠标选择多项。

图1-6

操作界面的右下角为数值栏，执行某些命令时可以输入具体的数值，如图 1-7 所示。

数值

图1-7

　　如图 1-8 所示，在操作界面右侧为默认面板区，当鼠标悬停在面板标签上时，会自动弹出相应的面板。单击面板上的红色 × 按钮，会关闭该面板。如果需要重新调出该面板，可以执行"窗口"→"默认面板"→"显示面板"命令。红色 × 按钮旁边的"图钉"按钮，可以控制面板是否自动隐藏。

图1-8

1.3 工具栏的摆放与显示

本节讲解工具栏的调出、摆放、功能设置及窗口的显示等方法。

1.3.1 如何调出工具栏

1. 从视图工具栏中调出工具栏

执行"视图"→"工具栏"命令，弹出"工具栏"对话框，如图1-9所示，其中"选项"选项卡一般不用调整，在"工具栏"选项卡中选中相应工具栏的复选框可以将对应的工具栏调出。

图1-9

2. 从绘图区中调出工具栏

当有工具栏固定在绘图区的四周时，如有工具栏固定在绘图区顶部时，如图1-10所示，在空白的区域右击，在弹出的快捷菜单中选择对应的工具栏选项，该工具栏就会显示出来。

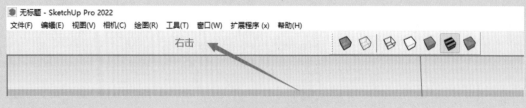

图1-10

1.3.2 设置工具栏

当要调整工具栏时，执行"视图"→"工具栏"命令，在弹出的"工具栏"对话框的右侧提供了5个按钮，如图1-10所示，分别介绍如下。

"重设"：单击"重设"按钮，将清除选中的工具栏的设置数据。

"全部重置"：单击"全部重置"按钮，将清除所有工具栏的设置数据。

"新建"：单击"新建"按钮，可以新建工具栏。在弹出的对话框中，输入名称，单击OK按钮，新工具栏将出现在视图中，新建的工具栏是不能重置的。

当要为新建的工具栏添加工具时，先把新建的工具栏调出，找到需要添加工具，将其拖至新建的工具栏中，当出现黑色分隔线时释放鼠标，工具添加成功。

"重命名"：选中需要重命名的工具，单击"重命名"按钮，在弹出的对话框中输入新的名称，单击OK按钮，重命名工具栏。

"删除"：选中需要删除的工具，单击"删除"按钮，即可将相应的工具栏删除。

1.3.3 工具栏的摆放与窗口的显示

1. 工具栏的摆放

工具栏可以悬浮在操作界面中，也可以将其停放在界面四周。当将鼠标指针放置在工具栏顶部的淡蓝色区域时，如图1-11所示，按住鼠标左键并拖动即可移动其位置；当将工具栏拖至界面边缘时，工具栏就会自动贴合边界放置。

图1-11

将鼠标指针放置在工具栏的边缘，鼠标指针变成上下箭头时，按住鼠标左键并拖动，可以改变工具栏的尺寸。用鼠标左键按住图标并拖至工具栏的其他位置，可以调整图标的位置。

2. 窗口的显示

软件界面右上角有 3 个按钮，如图 1-12 所示，单击━按钮将把软件最小化到任务栏，此时，可以在操作系统下方的任务栏中找到 SketchUp 按钮，单击该按钮软件恢复全屏显示。

图1-12

▢按钮其实有两个状态，单击▢按钮可以使软件最大化显示，此时该按钮变成▢状态，单击该按钮可以使软件以窗口的形式显示在界面中，此时该按钮变回▢状态，二者循环变化。

将鼠标指针放置在▢按钮上时，该按钮将变成红色，单击该按钮，如果当前操作的文件已经保存，软件会直接关闭；如果当前操作的文件没有保存，会弹出对话框询问是否保存文件，单击"是"按钮，保存文件后软件自动关闭。单击"否"按钮，不保存文件软件自动关闭。单击"取消"按钮，将取消关闭软件的操作。

1.4　SketchUp 的功能及用途

SketchUp 是一套直接面向设计方案创作过程的设计工具，其创作过程不仅能够充分表达设计师的思想，而且能完全满足与客户即时交流的需要，它使设计师可以直接在计算机上进行十分直观的构思，是三维建筑设计方案创作的优秀工具。

1.4.1　SketchUp 的功能

SketchUp 是一款三维建模软件，对于那种不是十分复杂的模型，它能迅速绘制出来，遇到复杂的模型，靠 SketchUp 自身的功能可能处理起来会比较棘手，但是完全可以通过丰富的插件功能来实现复杂的建模。

对于 SketchUp 安装插件进行建模可以这么理解，即如果 SketchUp 自身不具备相应的功能或者自身的功能使用起来相对烦琐，可以通过安装插件来大幅提高建模的精度和速度，同时还能解决 SketchUp 的一部分建模难题。现在，SketchUp 的插件繁多，功能强大，并且还在不断开发中，而且最重要的是，大多数插件都是免费的，直接安装就可以永久使用，对用户非常友好。

SketchUp 也是可以渲染三维效果的，当然需要借助相应的插件才能完成。现在可以完美支持 SketchUp 模型渲染的渲染器很多，如 Vray、Lumion、Enscape、Thea、Maxwell、Twinmotion 等，这些渲染器都有各自的特点，按照自己的需求进行选择即可。

有人会问：SketchUP 的功能并不强大，为什么还要使用它呢？其实使用 SketchUp 的精华就在于插件，插件才是使用 SketchUP 的重点，插件就是 SketchUp 的核心。学习使用插件，就是你走向 SketchUp "大神"殿堂的捷径。

1.4.2　SketchUp 的用途

SketchUp 目前主要用于建筑领域，包括建筑方案、园林景观、市政道路、室内外设计、家装设计、全屋定制、效果图绘制、建筑动画、模型设计等。

不同的领域需求不同，相信未来的 SketchUp 不仅能用在建筑设计方面得到应用，在工业产品、机械、电子器具、医疗设备、化学等行业，也能得到广泛的应用。

1.5 习题

1.5.1 单选题

1. SU 是什么软件的简称？（　　）

A. SketchUp　　　　　B. 3ds Max　　　　　C. AutoCAD　　　　　D. Lumion

2. SketchUp 的俗称是什么？（　　）

A. 犀牛　　　　　B. 草图大师　　　　　C. 天正　　　　　D. 广联达

3. 目前 SketchUp 被美国的哪一家公司收购？（　　）

A. Google　　　　　B. Autodesk　　　　　C. Trimble　　　　　D. Adobe

4. SketchUp 被最广泛应用的行业是什么？（　　）

A. 医疗　　　　　B. 化学　　　　　C. 工业　　　　　D. 建筑

1.5.2 多选题

1. SketchUp 中有哪些尺寸单位的模板？（　　）

A. 微米　　　　　B. 毫米　　　　　C. 米　　　　　D. 英寸

2. 下列哪些方法可以调出工具栏？（　　）

A. 执行"视图"→"工具栏"命令，在弹出的对话框中，选中相应的复选框。

B. 在固定工具栏空白区右击，在弹出的快捷菜单中选择对应的工具栏选项。

C. 按快捷键。

D. 在绘图区右击，在弹出的快捷菜单中选择对应的工具栏选项。

3. 如何移动工具栏摆放的位置？（　　）

A. 使用鼠标左键按住工具栏灰蓝色的区域，拖至相应的位置。

B. 使用鼠标左键按住工具栏的名称，拖至相应的位置。

C. 使用鼠标左键按住工具栏图标，拖至相应的位置。

D. 使用鼠标左键按住红色的关闭按钮，拖至相应的位置。

4.SketchUp 渲染模型一般常用的渲染器有哪几个？（　　）

A.Vray　　　　　B.Lumion　　　　　C.Enscape　　　　　D.Arnold

5. 关于 SketchUp，以下哪些说法是正确的？（　　）

A.SketchUp 是一款三维设计软件，广泛应用于建筑行业。

B. 因为 SketchUp 自身的功能十分有限，所以不得不借助插件来实现复杂模型的创建。

C.SketchUp 自身的功能支持渲染，无须借助第三方的渲染器（插件）也可以实现。

D.SketchUp 功能很简单，非常适合新手使用，掌握插件的使用方法，才是它的核心技术。

第2章
基础绘图

本章讲解的内容包括视图操作、快捷键设置，以及新建、创建模板、保存、导入、导出文件等方法，除此之外，还会介绍模型的选择方法，群组和组件的使用方法等。

2.1　视图操作

图 2-1 为常规视图操作的工具按钮。

图2-1

※　环绕观察 ✛：单击该工具按钮，然后按住鼠标左键并拖动，也可以按住鼠标中键并拖动，通过移动视图来查看模型。

※　平移视图 ✍：单击该工具按钮，按住鼠标左键并拖动，可以平移视图，也可以按住 Shift 键和鼠标中键，此时鼠标指针会变成"抓手"形状，拖动即可平移视图。

※　缩放相机视野 🔍：单击该工具按钮，然后按住鼠标左键并拖动，可以缩放视图，也可以通过滚动鼠标滚轮来缩放视图，以查看模型的局部或全局。

※　框选模型使其最大化 🔍：单击该工具按钮，鼠标指针会变成放大镜形状，按住鼠标左键并拖动，确定放大区域后释放鼠标，此时确定的放大区域内的模型将最大化显示，也可以通过按快捷键 Ctrl+Shift+W 来实现。

※　充满视窗 ✖：单击该工具按钮，即可使模型全部出现在绘图区域，也可以通过按快捷键 Shift+Z、Ctrl+Shift+E 来实现。

※　上一视图 🔍：单击该工具按钮，可以返回上一个视图。

2.2　设置快捷键

SketchUp 允许用户自定义不同功能的快捷键，从而进一步提高工作效率。设置快捷键的方法为：

执行"窗口"→"系统设置"命令,弹出"SketchUp 系统设置"对话框,如图 2-2 所示,在该对话框中选择"快捷方式"选项,进入相应的选项界面。

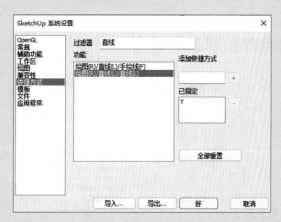

图2-2

在"过滤器"文本框中输入需要添加快捷键的命令名称,例如"直线",然后在"功能"列表中选择具体的命令,单击"添加快捷方式"文本框,并按下需要设置的快捷键(不支持设置两个按键,而且不要和其他命令冲突),确认无误后,单击右侧的 + 按钮,设置的快捷键就会出现在"已指定"文本框中,单击"好"按钮,快捷键添加成功。

如果要删除已经定义的快捷键,同样需要进入"SketchUp 系统设置"对话框,在"过滤器"文本框中输入需要删除快捷键的命令名称,例如"直线",然后在"功能"列表中选择要删除快捷键的命令,在"已指定"列表中选中要删除的快捷键,单击右侧的 - 按钮,最后单击"好"按钮,快捷键删除成功。

如果希望恢复原始的快捷键设置,同样进入"SketchUp 系统设置"对话框,单击"全部重置"按钮即可。

如果需要将设置好的快捷键导入或导出,可以进入"SketchUp 系统设置"对话框,单击"导出"按钮,在弹出的对话框中选择保存的路径,单击"确定"按钮,将设置好的快捷键保存为配置文件。要导入保存的快捷键配置文件时,单击"导入"按钮,在弹出的对话框中选择之前保存的快捷键配置文件,单击"确定"按钮即可。

下面介绍一些关于 SketchUp 快捷键的使用经验与技巧。

※ 经常使用的命令一定要添加快捷键,这样可以大幅提高工作效率。

※ 如果完成一个特定项目的时候,会频繁使用某个命令,也要为其设置快捷键。但是,当项目做完后,要将该快捷键删除,从而腾出宝贵的快捷键资源。

※ 有些快捷键在键盘上离左手太远,右手要用鼠标又不方便按,所以最好换一个离左手近一些的键,这样才能真正实现快速操作。

※ 设置好经常用的命令快捷键后,就尽量不要改,只有记牢这些快捷键,才能实现快速操作。

※ 快捷键不仅是软件自身的命令可以设置,当启用插件管理器,并执行了插件的相应命令后,在"SketchUp 系统设置"对话框中也可以找到插件的命令,同样可以设置快捷键。

※ 有些软件自身的命令在没有使用之前在"SketchUp 系统设置"对话框中也找不到，此时就要执行一次该命令，即可在"功能"列表中找到。

2.3 模型文件的保存、导入与导出

本节讲解执行"新建文件""创建模板""保存""导入""导出"等命令的方法。

2.3.1 新建

执行"文件"→"新建"命令，如图 2-3 所示，如果当前界面中包含了绘制的模型或者更改了已有的模型，会弹出提示对话框，询问是否保存，单击"是"按钮，会保存当前文件，单击"否"按钮就会直接新建场景。"新建"命令的默认快捷键为 Ctrl+N。

图2-3

执行"文件"→"从模板新建"命令，在弹出的对话框中选择一个模板。注意，一般使用的单位是"毫米"或"米"。

2.3.2 保存

1. 保存

执行"文件"→"保存"命令，会弹出对话框，选择保存的路径并输入文件名，在"保存类型"下拉列表中选择相应的选项，默认为"SketchUp 模型(*.skp)"，如图 2-4 所示，保存后是最高版本(2022)的模型文件，也可以选择其他低版本文件格式进行保存。"保存"命令的默认快捷键为 Ctrl+S。

2. 另存为

执行"文件"→"另存为"命令，会弹出对话框，无论当前操作的文件是否保存过，都需要选择保存的路径和文件名。需要注意的是，另存为后，当前操作的文件已经变成另存为后的文件，和原始操作的文件已经没有关系。

SketchUp 2022草图绘制标准教程

3. 另存为模板

执行"文件"→"另存为模板"命令，会弹出"另存为模板"对话框，"名称"和"说明"可以不填写，但"文件名"必须填写，这里选中"设为预设模板"复选框，然后单击"保存"按钮，将当前文件保存为模板，如图 2-5 所示。

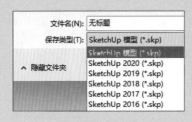

图2-4   图2-5

执行"文件"→"从模板新建"命令，会弹出"选择模板"对话框，选择"我的模板"选项卡，即可找到自己保存的模板文件，如图 2-6 所示，如果在保存模板文件时没有选中"设为预设模板"复选框，也不影响这里的操作。

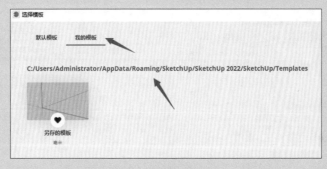

图2-6

如果要删除自行添加的预设模板，就要找到保存的路径，如 C:/Users/Administrator/AppData/Roaming/SketchUp/SketchUp.2022/SketchUp/Templates，将其中对应的模型文件删除即可。

2.3.3 导入、导出

1. 导入

执行"文件"→"导入"命令，会弹出一个对话框，需要选择一个打开的文件，此时要注意，虽然对话框中列出了支持的格式，但有些格式只是特定软件识别的格式，其他软件是不能正确打开的，例如 *.psd，如图 2-7 所示，这是 Photoshop 软件专用的格式，用 SketchUp 打开该文件，也只是一张图片，不会出现立体模型。

2. 导出

进入"文件"→"导出"子菜单，如图 2-8 所示，这里有 4 个选项，分别是"三维模型""二维图形""剖面""动画"，"剖面""动画"两个选项不可用，原因是当前还没有添加剖面和场景。

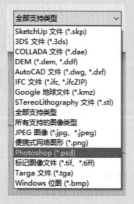

图2-7

图2-8

执行"文件"→"导出"→"三维模型"命令，弹出对话框，选择保存路径，并输入文件名，默认文件名都是"无标题"，保存类型有很多，这些格式都是三维文件格式，用对应的软件才可以正确打开，如图 2-9 所示。注意这里导出的 *.dwg 格式文件是三维的模型，不是单纯的二维图纸。

图2-9

在对应的每个导出格式下方都有一个"选项"按钮，如图 2-10 所示，单击该按钮后都会弹出对应的导出选项对话框，此处讲解常用的 *.3ds 和 *.dwg 格式的设置方法。

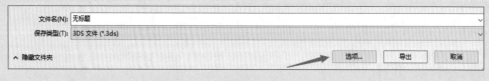

图2-10

图 2-11 为"3DS 导出选项"对话框，常用选项设置方法如下。

※　仅导出当前选择的内容：选中该复选框，仅导出在场景中选中的模型，否则全部导出。

※　导出两边的平面：选中该复选框，并选中"材质"或"几何图形"单选按钮，定义导出两边平面的类型。

※　导出独立的边线：选中该复选框，将导出单独的线，反之将不导出。

※　导出纹理映射：选中该复选框，导出有颜色材质的模型。因为材质都是采用 UV 坐标的，所以下面一般都选中"保留纹理坐标"单选按钮，不选中"固定顶点"单选按钮。

※ 从页面生成相机：选中该复选框，生成相机视角。

※ 比例：在该下拉列表中选择导出模型的单位，模型单位指在 SketchUp 中的单位。

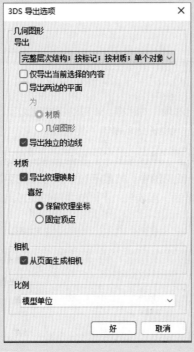

图2-11

图 2-12 为"DWG/DXF 输出选项"对话框。

DWG 输出选项和 DXF 输出选项相同，这两种选项也都可以在 AutoCAD 中打开。在"AutoCAD 版本"下拉列表中选择"版本 14"选项，可以让更低版本的 AutoCAD 软件打开该文件。

"导出"选项区域中有很多复选框，可以不选中"构造几何图形"复选框，因为这会使导出的模型特别复杂。

执行"文件"→"导出"→"二维模型"命令，在弹出的对话框中选择保存路径，并输入文件名，默认文件名都是"无标题"，保存类型有很多选项，这些格式都是二维的，用对应的软件才可以打开，如图 2-13 所示。注意，这里导出的 *.dwg 格式文件是二维的图纸。

图2-12

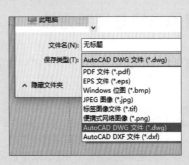

图2-13

在对应的每个导出格式下方，都有一个"选项"按钮，如图 2-14 所示，在单击"选项"按钮后都会弹出对应的导出选项对话框，这里只讲解两个常用的 dwg 和 jpg 格式的对话框。

图2-14

图 2-15 为"DWG/DXF 输出选项"对话框。该对话框中的选项，除了在顶部的"AutoCAD 版本"下拉列表中选择"版本 14"选项，其他的选项基本不用调整。

图 2-16 为"输出选项"对话框（JPG 格式）。是否选中"使用视图大小"复选框，看个人习惯，因为这是最好的出图视角，所以一般都选中。如果不选中，可以在下方输入"宽度"和"高度"值，如 1916×966，一般都选中"消除锯齿"复选框，下面的滑块也要拖到最右侧（更好的质量）。

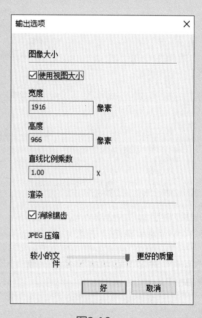

图2-15   图2-16

2.4 模型的选择与删除方法

本节讲解软件自身的选择模型的方法、插件辅助的选择方法、模型的删除方法及清理场景的方法等。

2.4.1 选择模型

模型的选择方法包括单击选择、框选、双击选择、三击选择、加减和加减交替选择，以及插件的"增强选择"工具。

1. 单击选择

单击可以选择点（点需要用插件创建，软件自身的命令无法创建）、线、面、群组、组件等。

2. 框选

框选有两种情况，从左往右框选和从右往左框选。

※ 从左往右框选，按住鼠标左键并从左往右拖动，凡是没有被完全覆盖的对象都不会被选中。例如，框选一条线，从左往右框选一半，不会被选中。用"直线"工具画了4条线，刚好拼成一个矩形，此时从左往右框选了一大半，还有一条线没有完全覆盖，那条没有完全覆盖的线就不会被选中。

※ 从右往左框选：按住鼠标左键并从右往左拖动，凡是接触到的对象都会被选中。

3. 双击选择

如果双击的是线，会使共用这条线的面都被选中，如图2-17所示。

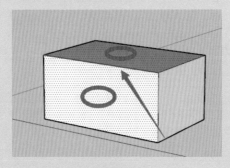

图2-17

如果双击的是面，会使构成这个面的一圈线都被选中，不构成这个面的线不会被选中，如图2-18和图2-19所示。

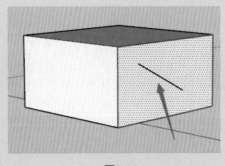

图2-18

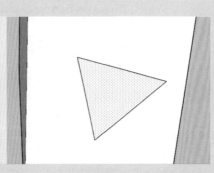

图2-19

如果双击的是群组或者组件，就不是选中模型，而是进入群组或组件中。双击就是进入群组或者组件中的方法，之后的选择方法相同。

4. 三击选择

三击如果选择的不是群组或者组件，就会全选模型，只要是连接的，其中的隐藏线、模型的UV结构也会显示出来，和"框选全部"略微不同，如图2-20所示。

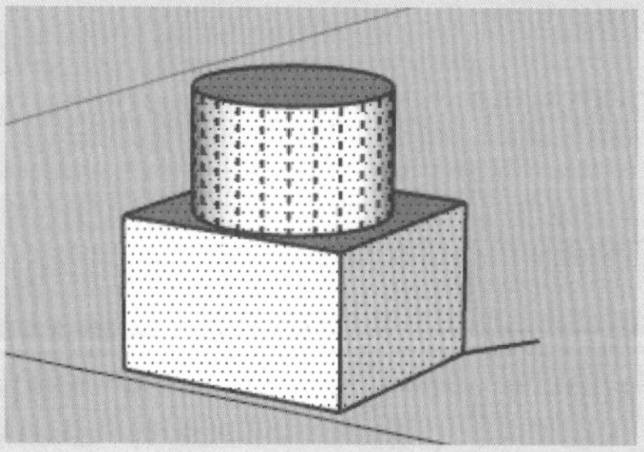

图2-20

例如，如果绘图区上有一个正方体，在正方体的顶部还有一个圆柱体，可以三击模型的任意位置，无论是线还是面都会被全部选中，圆柱体的结构线也会显示出来。

再如，如果绘图区上有一个正方体，在正方体的顶部还有一个圆柱体的组，三击正方体的线面，就只会选中正方体，不会选中圆柱体。因为圆柱体已经编组，如果三击的是圆柱体，只会进入组中。

5. 加减和加减交替选择的方法

※ 按住 Ctrl 键并单击选择，可以加选对象。

※ 按住 Ctrl+Shift 键并单击选择，可以减选对象。

※ 按住 Shift 键并单击选择，可以加减交替选择对象。

※ 按快捷键 Ctrl+A，可以全选对象。

有一个“增强选择工具”插件，英文名称叫作 Selection Toys，可以按类型选择对象，如图 2-21 所示。

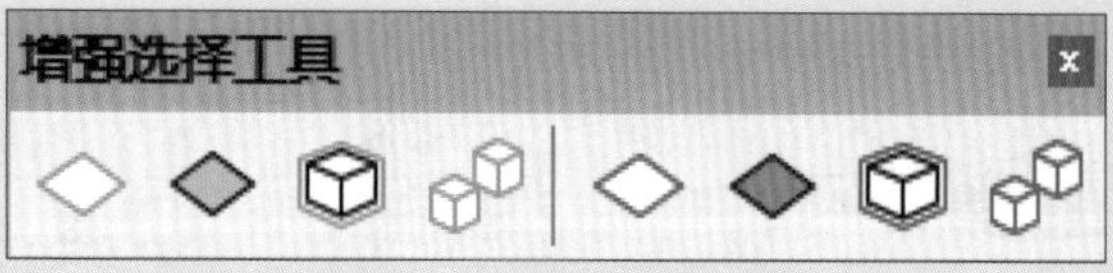

图2-21

该插件主要工具的使用方法如下。

※ 只选择线 ◇：选中多个模型，单击该工具按钮，只会选中线条。

※ 只选择面 ◆：选中多个模型，单击该工具按钮，只会选中面。

※ 只选群组：选中多个模型，单击该工具按钮，只会选中群组。

※ 只选组件：选中多个模型，单击该工具按钮，只会选中组件。

※ 排除边线 ◇：选中多个模型，单击该工具按钮，只会选中除边线外的对象。

※ 排除表面 ◆：选中多个模型，单击该工具按钮，只会选中除面外的对象。

※ 排除群组：选中多个模型，单击该工具按钮，只会选中除群组外的对象。

※ 排除组件 ⬡：选中多个模型，单击该工具按钮，只会选中除组件外的对象。

2.4.2 删除模型

1. 删除绘图区中的模型

选中模型后按键盘上的 Delete 键，可以将模型删除。也可以按 E 键选择"橡皮擦"工具，单击需要删除的模型。还可以按住鼠标左键并拖动，鼠标指针经过的对象都会被删除，但经过的面不会被删除。在 SketchUp 中，面是由线构成的，最少 3 条线首尾相连就能构成三角面，没有线，就不构成面。

例如，绘图区有一个矩形，选中矩形其中的一条线，按 Delete 键，线被删除，面也会跟着被删除，因为线没有首尾相连，没有形成闭合区域，所以就形成不了面。

再如，不在一个面上画 4 条线，首尾相连，但是依然形成不了面，此时连接对角点，就形成了面，即两个三角面。如果删除对角线，同时就删除了面，这是因为两个面是共用这条线的，如图 2-22 所示。

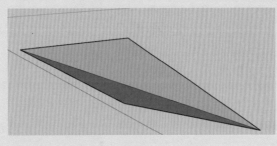

图2-22

2. 清理模型的残留物

直接删除模型，是无法将模型清理干净的，会出现残留物，导致模型文件还是很大。这里讲解一个软件自带的功能，可以清理那些残留物，执行"窗口"→"模型信息"命令，弹出"模型信息"对话框，如图 2-23 所示，在该对话框中选中"统计信息"选项，再单击"清理未使用项"按钮，将一次性删除残留物。

图2-23

使用上述方法清除文件残留物，遇到模型较多的情况还是力不从心，清理得不彻底。但是可以通过使用插件来完成清理操作，例如"清理场景"Purge.All、"清理模型"CleanUp、"清理工具"Purge. tool 等。

2.5　样式工具栏

执行"视图"→"工具栏"命令，会弹出"工具栏"对话框，在该对话框中选中"样式"复选框，如图 2-24 所示，会调出"样式"工具栏，如图 2-25 所示。该工具栏一共有 7 个图标，从左往右的名称分别是"X 光透视显示模式""后边线""线框显示""消隐""阴影""材质贴图""单色显示"，具体的使用方法如下。

图2-24

图2-25

※　"X 光透视显示模式" ⬭：显示带全透明表面的模型，开启后，所有模型都变成半透明状态，可以看到和捕捉到原先被遮挡的线，这里的面是可以被选中的。在默认面板中找到"样式"面板，进入"编辑"选项卡，单击"X 射线"按钮 ⬭，然后在"透明度质量"下拉列表中选择"更快"或"更好"选项，也可以在"X 光不透明度"文本框中输入具体的数值，更改透明度，如图 2-26 所示。

※　"后边线" ⬭：用虚线来显示后边线，表示看不到的模型的线，也就是被遮挡的线。不是同一个模型的线也用虚线表示，面是可以被选中的，如图 2-27 所示。

※　"线框显示" ⬭，只显示模型中的边，即场景的模型全部变成线框显示，面无法选中。

※　"消隐" ⬭，隐藏场景中所有背面的边和平面的颜色，颜色会变成相同的。

※　"阴影" ⬭，显示带纯色表面的模型。

※　"材质贴图" ⬭，显示带有纹理面的模型，可以看到材质贴图，一般会开启。

※　"单色显示" ⬭，显示只带正面和背面的颜色模型，显示的就是默认的模型颜色。

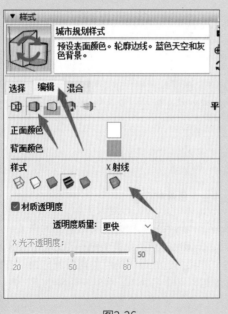

图2-26

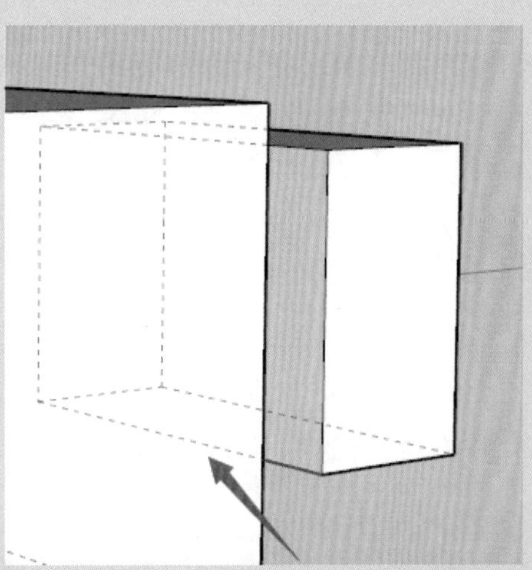

图2-27

2.6 群组与组件

本节讲解"群组""组件"的创建、解除方法，以及隔离模型和操作的特点等。

2.6.1 群组

群组，简单理解就是选择群组的时候，选择其中一个对象，群组中所有的对象都会被选中，还可以起到隔离的作用。

例如，场景中有3个没有相交的正方体，现在把这3个正方体编成一个群组，选择任意一个正方体，可以快速选中整个群组（3个正方体）。

再如，场景有一个正方体，在正方体的面上画一条对角线，此时移动这条线，正方体会发生变形。只要把这个正方体编成群组，然后再画对角线，就不会对正方形产生影响了。

1. 创建群组

在选中的模型上右击，在弹出的快捷菜单中选择"创建群组"选项，即可进行编组。但这种方法有缺点，例如，单独选中一个面或者一条线，就无法进行群组操作。除了采用上述方法，也可以通过按快捷键来创建。选中模型，直接按下创建群组的快捷键即可。

2. 解除群组

选中群组并右击，在弹出的快捷菜单中选择"炸开模型"选项，即可解除群组，也可以选中群组，直接按"炸开模型"命令的快捷键。

3. 脱离群组

进入群组中，选中需要的模型，按快捷键 Ctrl+X（剪切），此时模型就会消失，退出这个群组。按快捷键 Ctrl+V（粘贴），将模型粘贴出来，此时该模型已经从群组中脱离出来。

如果想要模型从群组中脱离，但是还在原来的位置，可以选择需要操作的模型，按快捷键 Ctrl+X（剪切），此时模型就会消失，退出群组，按快捷键 Ctrl+B，该模型将在原位被粘贴出来，但已经脱离了群组。

2.6.2 组件

群组拥有的特性组件都有，但还拥有着群组没有的特性，具体如下。

※ 复制一个组件，组件之间相互关联，对一个组件进行的调整，也会应用到其他组件上。如果需要取消关联，就选中需要取消关联的组件并右击，在弹出的快捷菜单中选择"设定为唯一"选项。但是，这些设定为唯一的组件还是相互关联的，如果把这些唯一的组件再复制出来，它们还是会相互关联。例如，场景中有一个物体，定义为组件后命名为 A，复制一个称为 B，A 和 B 就是关联的，双击进入其中任意的组件中，绘制一条线，另外一个组件也同时出现一条直线，这就是关联。选中 A 和 B，并复制一份，命名为 C 和 D。选中 C 和 D 并右击设定为唯一，现在双击进入 C 组件中画直线，D 会出现直线，A 和 B 都不会出现直线，因为 A 和 B 已经与 C 和 D 没有关联了。再把 C 和 D 复制一份，命名为 E 和 F，双击进入 C、D、E、F 任意一个中画直线，另外 3 个都会出现直线，因为 C、D、E、F 都是相互关联的，和 A、B 无关。

※ 组件可以更改坐标轴，但是群组不能。在单击创建组件后，会弹出对话框。在该对话框中提供了设置组件轴的功能，哪怕创建完毕后，也可以更改坐标轴。选中组件并右击，在弹出的快捷菜单中选择"更改轴"选项即可。

※ 场景中出现很多群组也不会发生卡顿，运行速度甚至会加快，但组件不是，场景中如果有很多组件显示会非常卡顿。

1. 创建组件

在选中的模型上右击，在弹出的快捷菜单中选择"创建组件"选项，随后会弹出"创建组件"对话框，如图 2-28 所示。这里一般需要考虑是否选中"总是朝向相机"复选框，选中该复选框，模型当前的那个面就会一直朝向相机（观者），转动视图时，模型也会转动，再选中"用组件替换选择内容"复选框，单击"创建"按钮。

图2-28

2. 解除组件

选中组件并右击，在弹出的快捷菜单中选择"炸开模型"选项，也可以选中组件，直接按"炸开模型"命令的快捷键。

3. 脱离组件

进入组件中，选中需要的模型，按快捷键 Ctrl+X（剪切），此时模型就会消失。退出这个组件，按快捷键 Ctrl+V（粘贴），将模型粘贴出来，此时该模型已经从组件中脱离出来。

如果想模型从组件中脱离，但是还在原来的位置，可以选择需要操作的模型，按快捷键 Ctrl+X（剪切），此时模型就会消失，退出组件，按快捷键 Ctrl+B，该模型将在原位被粘贴出来，但已经脱离了组件。

2.7 习题

2.7.1 单选题

1. 框选模型使其最大化的默认快捷键是什么？（　　）

A.Ctrl+Shift+W　　　　B. 滚动鼠标中键　　　　C.Ctrl+W　　　　D.Shift+W

2. 下列关于快捷键的说法哪个是错误的？（　　）

A. 设置好快捷键后，重新启动软件还要重新设置。

B. 设置好快捷键后，重新启动软件无须重新设置快捷键，只要不手动重置，一直有效。

C. 设置好的快捷键还可以保存下来，可以分享给他人，也可以备份，更换计算机时还可以导入，无须再设置。

D. 在不同的项目中，经常执行的命令建议设置为方便这个项目操作的快捷键。

3. 将文件保存后并发送给别人时应该注意什么？（　　）

A. 保存时使用的单位。

B. 文件夹名称必须使用英文。

C. 另存为低版本文件时，要清理场景，防止对方无法打开文件。

D. 注意保存时模型摆放的位置。

4. 哪一个格式不支持 SketchUp 导入？（　　）

A.dxf 格式　　　　B.dae 格式　　　　C.stl 格式　　　　D.mp4 格式

5. 场景中包含点、线、面、群组、组件等很多模型时，选择群组最快的方法是什么？（　　）

A. 单击选择　　　　B. 框选　　　　C. 双击选择　　　　D. 三击选择

6. 如何快速选择面上的一圈线？（　　）

A. 依次单击加选一圈的线。

B. 框选一圈的线。

C. 双击面，再减选面。

D. 用插件选择线。

7. 场景中有多个图元，如何快速选择线、面、群组，或者组件？（　　）

A. 普通加减选择。

B. 用插件快速筛选。

8. 如何快速选择场景中的所有模型？（　　）

A. 单击选择　　　　　B. 框选　　　　　　C. 按快捷键 Ctrl+A　　　　　D. 三击选择

9. 当遇到场景比较复杂，移动模型难以捕捉角点，总是被其他模型遮挡的时候，应该开启什么显示模型？（　　）

A. X 光透视显示模型。

B. 单色显示模式。

C. 阴影显示模式。

D. 材质贴图显示模式。

10. 下列关于阴影显示模式的正确说法是哪个？（　　）

A. 阴影显示模式按钮是开启模型阴影的开关。

B. 阴影显示模式没有实质作用。

C. 阴影显示模式按钮是开启纯色底色材质的按钮。

11. 如何进入群组或者组件内部？（　　）

A. 单击群组或者组件。

B. 双击群组或者组件。

C. 选中群组或者组件并右击，在弹出的快捷菜单中选择"炸开模型"选项。

12. 进入群组或者组件内部和外部有什么明显变化？（　　）

A. 进入群组的内部，模型的四周会有一圈黑色的虚线，其他模型的颜色都变淡了。

B. 进入组件的内部，模型的四周会有一圈黑色的虚线，其他模型的颜色都变深了。

C. 进入群组或者组件内部都可以看到坐标轴，组件坐标轴在原点附近的轴线会加粗。

D. 进入群组和组件内部的变化相同。

13. 复制组件，如何取消两者之间的关联，但依然还是组件？（ ）

A. 选中一个组件并右击，在弹出的快捷菜单中选择"设定为唯一"选项。

B. 选中这两个组件并右击，在弹出的快捷菜单中选择"设定为唯一"选项。

C. 选中一个组件并右击，在弹出的快捷菜单中选择"炸开模型"选项。

14. 将一个组件复制三份，如何让这四个组件各自不关联，但还是组件？（ ）

A. 一次选中三个组件，右击并在弹出的快捷菜单中选择"设定为唯一"选项。

B. 一次选中四个组件，右击并在弹出的快捷菜单中选择"炸开模型"选项。

C. 逐一将三个组件设定为唯一。

2.7.2 多选题

1. 下列哪些是关于视图操作的快捷方式？（ ）

A.Shift+Z   B. 鼠标中键   C. 鼠标中键 +Shift   D. 鼠标右键

2. 下列关于快捷键的说法正确的是哪个？（ ）

A. 尽可能把所有的命令都设置为快捷键。

B. 只需要把经常使用的命令设置为快捷键。

C.SketchUp 额外安装的插件的命令，也可以设置快捷键。

D. 当在设置快捷键的时候，发现找不到命令，可以执行几次该命令，再去搜索。

3. 当导入文件时，哪些格式可以正确地识别并导入？（ ）

A.skp 格式   B.3ds 格式   C.dwg 格式   D.psd 格式

4. 以下关于三击模型错误的说法是哪个？（ ）

A. 三击模型一定可以把连在一起的模型全部选中，组也会被选中。

B. 三击模型会显示模型的结构线，同时结构线也会被选中。

C. 三击没有成组或者锁定的模型，与其相连的模型，除了组或者锁定的模型都会被选中。

D. 三击组也可以把整个组的模型全部选中。

5. 遇到大场景发生卡顿时，该如何改善？（ ）

A. 用插件清理未使用项。

B. 开启单色显示。

C. 尽量把模型成组。

D. 尽量把模型设置为组件。

6. 以下关于群组和组件的说法正确的是哪个？（　　　）

A. 群组不具有关联性，而组件具有关联性。

B. 项目中有很多群组不会卡顿，但是有很多组件却很卡顿。

C. 群组和组件都可以设置坐标轴。

D. 解除群组和组件，都是选中相应群组或组件并右击，在弹出的快捷菜单中选择"炸开模型"选项。

7. 如何快速退出群组或组件？（　　　）

A. 按 Esc 键。

B. 单击组外的模型。

C. 按空格键。

D. 按 Enter 键。

8. 如何快速区分群组和组件？（　　　）

A. 选中模型并右击，在弹出的快捷菜单中看出现的是"编辑组件"选项，还是"编辑群组"选项。

B. 双击进入组中，查看坐标轴有没有加粗。

C. 修改一下，查看是否有其他模型也随之变化。

D. 选中模型并右击，看是否出现"设定为唯一"选项。

9. 如何将群组或组件中的部分模型单独提取出来？（　　　）

A. 进入群组或组件中，选中模型并按快捷键 Ctrl+X，退出群组或者组件按快捷键 Ctrl+V，模型就单独提取出来了，再单击一个位置放置即可。

B. 进入群组或者组件，选中模型并按快捷键 Ctrl+X，退出群组或者组件按快捷键 Ctrl+B。

C. 进入群组或者组件，选中模型并按快捷键 Ctrl+X，退出群组或者组件，执行"编辑"→"定点粘贴"命令。

D. 进入群组或者组件，移动模型到他处。

SketchUp 2022草图绘制标准教程

第3章
大工具集基础建模知识

本章讲解大工具集中的工具命令，这些命令都是必须掌握的，大部分最好设置为快捷键。

3.1 大工具集简介

在 SketchUp 的大工具集中，收集了很多建模命令，这些命令大部分都是做项目必须且经常用到的。执行"视图"→"工具栏"命令，弹出"工具栏"对话框，选中"大工具集"复选框，会弹出"大工具集"工具栏，如图 3-1 所示。

3.2 选择工具

"选择"工具 ▸ 的图标是一个黑色箭头，在执行一般命令时，按空格键可以切换到"选择"工具，但在执行某些插件命令时，只按空格键无法切换到"选择"工具，需要先按 Esc 键，再按空格键才能切换到"选择"工具。

3.3 套索选择工具

选中"套索选择"工具 ◈ 时，鼠标指针会变成 ◈ 形状，然后在绘图区按住鼠标左键并拖动，在鼠标拖动形成的范围内的模型都会被选中。拖动时注意鼠标拖动的方向，顺时针框选时，必须将整个模型框选在范围内才会被选中；逆时针框选时，只要框选范围经过的模型都会被选中。

3.4 材质工具

本节重点讲解材质工具的使用方法，包括默认"材质"面板的使用方法、如何添加材质、调整材质尺寸的方法等。

图3-1

3.4.1 "材质"面板

打开"材质"面板，在"选择"选项卡的下拉列表中，可以选择材质类型，如图 3-2 所示。大工具集中的"材质"工具 ◈ 是展开"材质"面板的快捷方式，"材质"工具的默认快捷键是 B。

打开"材质"面板，如图 3-3 所示，下面对其主要功能进行介绍。

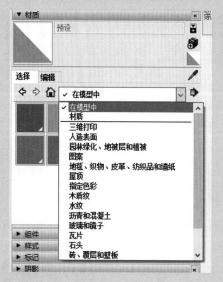

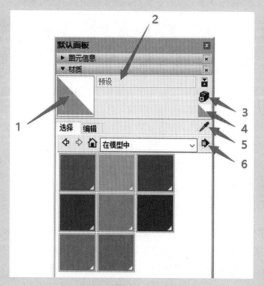

1.材质提醒；2.材质名称；3.创建材质；4.恢复预设材
质；5.样本颜料；6.详细信息

图3-2   图3-3

"材质提醒"框中提示当前用的是什么材质，选择一种材质后，该框中就会变成对应的材质，按空格键切换到"选择"工具，在"选择"工具的状态下再单击"材质提醒"框，就会切换到"材质"工具，并且赋予该材质。将鼠标指针停靠在上面，此时会提示"点按开始使用这种颜料绘图"。

"材质名称"文本框中的文字用来以名称的方式提示当前用的是什么材质，因为有的材质图片看起来很像，甚至有的图片看起来是一模一样的，场景规模小，使用的材质少时，还勉强认得出来，但是材质多了就会造成混乱，此时就要用材质名称进行区分。

单击"创建材质"按钮，用来创建软件中没有提供的材质。

单击"恢复预设材质"按钮，已经为模型赋予的材质会恢复到默认的预设材质。

单击"样本颜料"按钮后，鼠标指针会变成吸管图标，并可以吸取材质赋予其他模型。"油漆桶"工具当选的状态下，按住 Alt 键就会进入"样本颜料"状态。

单击"详细信息"按钮后会弹出如图 3-4 所示的下拉列表。

※ 打开和创建材质库：选中该选项会弹出相应的对话框，需要选择一个文件夹，软件会把这个文件夹中的图片加载到 SketchUp 中作为材质，之后在选择材质时就不需要再去到处寻找了，当软件重启后，导入的材质库就会失效，所以该操作属于临时性操作。

※ 将集合添加到个人收藏：选中该选项会弹出相应的对话框，需要选择一个文件夹，软件会把文件夹中的图片加载到 SketchUp 中，加载的材质库会一直保留。

※ 从个人收藏移去集合：选中该选项会将集合添加到个人收藏中的文件夹路径移除。选择该选项，会弹出相应的对话框，选择一个收藏夹后单击"删除"按钮。

下拉列表中剩余的选项，除了"刷新"选项都是用来控制材质显示大小的，建议选择"超大缩略图"选项，这样能更清晰地看到图片的内容。

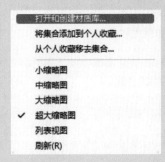

图3-4

3.4.2 添加材质

1. 赋予已有材质

按 B 键，鼠标指针会变成油漆桶形状，这样就切换到了"材质"工具，也可以在选中"选择"工具的状态下，单击默认面板中的材质面板，也会自动切换到"材质"工具。选择需要赋予材质的模型面，即可赋予材质。这里需要注意的是，尽可能把材质赋予模型的正面，反面不赋予材质。

2. 赋予多个材质的技巧

赋予材质时按住 Ctrl 键单击，此时相同材质且连接的平面材质都会被替换。

赋予材质时按住 Shift 键并单击，此时相同材质的平面材质都会被替换。

3. 创建新材质

当遇到软件中没有合适的材质时，就要自行寻找或绘制材质。单击"创建材质"按钮，会弹出"创建材质"对话框，如图 3-5 所示。

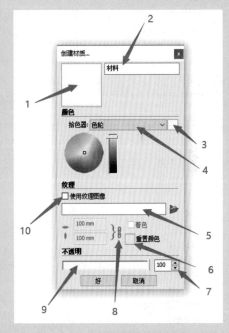

1.预览当前图片；2.提示当前图片载入SketchUp之后显示的名称；3.还原修改的颜色；4.拾色器更改颜色的方法；5.显示材质图片载入之前的名称；6.重置颜色；7.不透明度；8.锁定/解除锁定图像高宽比；9.不透明度滑块；10.使用纹理图像

图3-5

※ 预览当前图片：当创建了新材质并添加图片后，这里会显示图片的内容。

※ 提示当前图片载入到 SketchUp 之后显示的名称：当创建了新材质，该文本框会显示这个材质在 SketchUp 中的名称。

※ 还原修改的颜色：单击该色块，可以还原更改的颜色。

※ 拾色器更改颜色的方法：在该下拉列表中，提供了"色轮"、HLS、HSB、RGB 四种设置颜色的方法，这里设置的是图片的底色，每张图片都有底色和纹理，这里相当于为其添加颜色，可以拖动该下拉列表下的滑块调整颜色。

※ 显示材质图片载入之前的名称：该文本框会显示图片的名称，不过是载入之前的图片名称，并不是这个材质在 SketchUp 中的名称。

※ 重置颜色：该复选框和"还原修改的颜色"不同，选中该复选框可以还原图片初始的颜色。

※ 不透明度：调整该参数，可以调整材质的不透明度。

※ 锁定 / 解除锁定图像高宽比：图像的高宽比默认是联动的，更改其中一个，另一个也会按比例自动调整，单击"锁定 / 解除锁定图像高宽比"按钮，即可解除关联关系。

※ 不透明度滑块：按住鼠标左键拖动该滑块，可以控制材质图片的不透明度，也可以拖动滑块后，按键盘上的方向键来微调不透明度值。

※ 使用纹理图像：选中该复选框，会弹出相应对话框，选择一张图片并单击"打开"按钮，即可添加纹理图像。

3.4.3　调整材质尺寸

选中模型并在材质上右击，在弹出的快捷菜单中选择"纹理"子菜单中的（如图 3-6 所示）"位置"选项，如图 3-7 所示，此时会出现带有 4 种颜色的图钉图标，如图 3-8 所示。其中，蓝色和黄色的图钉图标一般用不到，是控制图片的三维效果的。红色的图钉图标是用来平移图片的，绿色的图钉图标是用来缩放和旋转图片的。

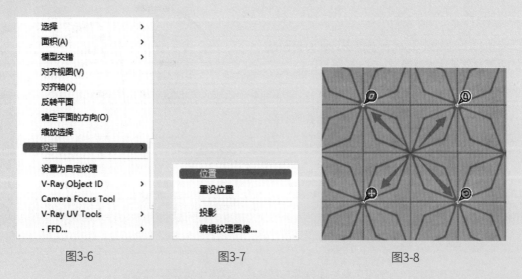

图3-6　　　　　　　　图3-7　　　　　　　　图3-8

按住红色图钉图标并拖动，就可以平移材质纹理图片的位置。

按住绿色图钉图标并拖动，纹理图片就伴随鼠标的移动而缩放、旋转。

如果材质纹理图片调整错误，在材质上右击，在弹出来的快捷菜单中选择"纹理"→"重设位置"选项，即可将材质图片恢复初始的状态。

3.4.4 模型的正反面

模型在默认的状态下，白色的是正面，蓝灰色的是反面，如图 3-9 所示。这个颜色也不是固定的，只是默认的颜色，但可以更改。在"样式"面板的"编辑"选项卡中单击"平面设置"按钮，如图 3-10 所示，再单击"正面颜色"或者"背面颜色"右侧的色块，可以更改为其他颜色。

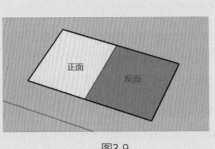

图3-9

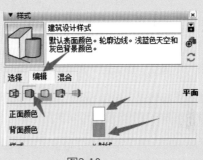

图3-10

3.5 橡皮擦工具

"橡皮擦"工具 的作用就是删除，默认的快捷键为 E。

按 E 键会切换到"橡皮擦"工具，可以单击删除，也可以按住鼠标左键并拖动，鼠标指针经过的地方都会被删除，包括群组或者组件。

选中"橡皮擦"工具，按住 Shift 键，然后按住鼠标左键并拖动擦除线，线条会消失，但是面不会被删除，此时只是把这条线隐藏了，当需要再次显示线条时，执行"编辑"→"撤销隐藏"→"全部"命令。

选中"橡皮擦"工具，按住 Ctrl 键，然后按住鼠标左键并拖动擦除线，线条会消失，但是面不会被删除，此时只是把这条线柔化了。和隐藏的区别是，隐藏只是不显示，依然会有棱角，柔化是带有过渡的，没有尖锐的边角。取消柔化的快捷键是同时按住 Ctrl 和 Shift 键，再用"橡皮擦"工具擦除。

大面积柔化和取消柔化的方法是三击模型，使模型结构线显示出来，在模型上右击，在弹出的快捷菜单中选择"柔化 / 平滑边线"选项，默认面板中会出现"柔化边线"面板，如图 3-11 所示，此时可以拖动"法线之间的角度"滑块，从左向右拖动，效果由弱到强。正常情况下，要同时选中"平滑法线"和"软化共面"复选框，这样效果会更好。

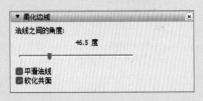

图3-11

3.6 制作组件工具

"制作组件"工具🖼在之前的版本是没有的，是新增的，单击该工具按钮就会把选中的模型定义为组件，和选中模型并右击，在弹出的快捷菜单中选择"创建组件"选项的效果相同，也可以直接按创建组件的快捷键。在没有选中模型的情况下直接单击"制作组件"工具按钮，可以创建空的组件。

3.7 标记工具

"标记"工具🖊在之前的版本是没有的，是新增的，用来对模型进行标记。

单击"标记"工具按钮，然后按住 Alt 键，之后单击一个模型，此时就会采样这个模型的标记，然后再单击另一个模型，那么这个模型的标记就会被替换成采样的标记。

在单击替换标记前，按住 Shift 键再进行替换，就会把所有这一类型的标记的模型都替换掉。Shift键是切换键，再按下 Shift 键就可以恢复。

在单击替换标记前，按下 Ctrl 键再进行替换。单击的是组件，就会把同一组件的模型的标记都替换掉。Ctrl 键也是切换键，再按下 Ctrl 键就可以恢复。

3.8 直线工具

"直线"工具✏的默认快捷键为 L，按下 L 键，鼠标指针会变成铅笔的形状，单击一个位置并拖动，会发现有黑色的线跟随鼠标指针，再单击一个位置，这两个点之间会形成一条线。在单击一个位置后，按方向键，可以锁定轴向绘制，这是最普遍的用法。例如，单击"直线"工具按钮，单击起始点，鼠标控制好方向不要拖动，输入数字 300 后鼠标一定不要动，直接按 Enter 键，就画了一条 300mm 长的直线。再如，单击"直线"工具按钮，单击起始位置，按上方向键会看到蓝色的虚线，鼠标可以向上方稍微移动，输入 500，直接按 Enter 键，就是沿着 Z 轴画一条 500mm 长的直线。

执行"窗口"→"系统设置"命令会弹出"SketchUp 系统设置"对话框，在该对话框中选择"绘图"选项，如图 3-12 所示，该对话框部分选项的使用方法详解如下。

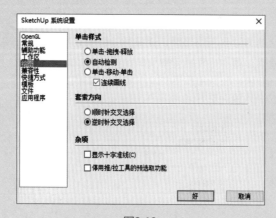

图3-12

※ 单击－拖拽－释放：这是一种绘制直线的方法，选中该单选按钮后，按住鼠标并拖动，到达需要的位置后释放鼠标，完成绘制。

※ 自动检测：这个取决于绘制的方式，选中该单选按钮后，会自动检测画线的方法，包括"单击－拖拽－释放"和"单击－移动－单击"。

※ 单击－移动－单击：选中该单选按钮后，连续画线，单击一个位置后移动，再单击一个位置，会自动连接成线。

※ 连续画线：选中该复选框，可以连续绘制线。

3.9 手绘线工具

　　"手绘线"工具 没有默认的快捷键，但可以自行设置。使用方法为，单击"手绘线"工具按钮，按住鼠标左键并任意拖动，在绘制的路径上会出现线条，形成封闭的区域会得到面。在成面后，按 Ctrl 键单击可以减少线的段数，使其趋向直线，按 Alt 键，可以增加段数，使其越来越平滑。

3.10 矩形工具

　　"矩形"工具 的默认快捷键是 R，单击"矩形"工具按钮后，鼠标指针会变成铅笔的形状，并且旁边附带小矩形的图标。绘制方法是单击一个位置，拖动鼠标形成一个矩形，再单击完成绘制，也可以输入精确的尺寸进行绘制。

　　例如，绘制一个 100mmX50mm 的矩形。单击"矩形"工具按钮，单击一个起始点，此时鼠标不要动，在英文输入状态下，直接输入 100,50 后直接按 Enter 键，即可得到精确的矩形。

　　再如，绘制一个纵向的矩形。按 R 键，单击一个起始点，按左或者右方向键，此时鼠标指针就锁定了轴向绘制矩形，再单击一个结束点即可。

　　如果想从中心点开始绘制矩形，而不是对角点开始绘制，就按住 Ctrl 键开始绘制，Ctrl 键可以切换绘制的方式。

3.11 旋转矩形工具

　　"旋转矩形"工具 的使用方法是，单击"旋转矩形"工具按钮后，先后单击两个位置，确定矩形的一边长度，再单击一个位置确定矩形的角度和大小。

3.12 圆工具

　　"圆"工具 的默认快捷键是 C，单击"圆"工具按钮后，鼠标指针会变成铅笔的形状，旁边还附带圆形图标。

圆形的绘制方法是，按 C 键选择"圆"工具，单击一个位置并拖动鼠标，再单击一个位置，即可绘制一个圆，此处也有调节参数。

※ 输入半径：按 C 键选择"圆"工具，单击一个位置，输入 200 并按 Enter 键，这样就绘制了一个半径为 200 的圆。

※ 不同轴向：按 C 键选择"圆"工具，按方向键控制绘制的轴向，单击一个位置并拖动鼠标，或者输入数字后按 Enter 键。

※ 可以更改边数：按 C 键选择"圆"工具，直接输入边数，也可以按 Ctrl 键加 + 键或者按 Ctrl 键加 − 键，可以增加或减少段数，不过最实用的方法还是直接输入边数。

例如，绘制一个半径为 500，边数为 6 的立起来的圆。按 C 键选择"圆"工具，按左或者右方向键，锁定轴向，输入 6 并按 Enter 键，单击一个位置，输入 500 并按 Enter 键，即可得到相应的圆形。

有人会问，带边数的圆形不就是多边形吗，怎么会是圆形呢？其实，圆本来就是假想出来的、理想中的，而 SketchUp 中理想的圆指的是多边形的边数无穷大，推拉之后会发现，圆形和多边形的区别就是把边柔化了。

3.13　多边形工具

"多边形"工具 ⬤ 也是经常使用的，和"圆"工具的操作类似，其区别在于，推拉后，圆周围的线是柔化的，而多边形没有柔化。

3.14　圆弧及扇形工具

"圆弧及扇形"工具 ⫶ 包含多个命令，最常用的是"起点−终点−凸起"的点圆弧命令，快捷键是 A。这里也可以更改段数和边数，增加段数不仅为了增加光滑度，使绘制的线条更接近圆，也方便塑造图形。绘制的方法是，按 A 键，单击一个起始位置，单击另一个位置确定弦长，再单击确定这个圆弧凸起的位置。这里的圆弧命令还有一个用法就是用来创建倒角，具体的操作方法是，用"圆弧及扇形"工具在拐角处的两条线上单击两个位置，再单击一个位置确定圆弧大小。注意，在确定圆弧大小的时候，要保证是在这个面上，这个圆弧画完后可以继续双击另外的拐角，就会直接生成倒角。退出"圆弧"命令，再画一个矩形，还可以继续双击倒角，如图 3-13 所示。

图3-13

3.15 移动工具

"移动"工具 ✥ 的快捷键是 M，使用该工具移动的大部分是组，还可以配合 Ctrl 键复制图形。

移动模型的方法是，当要移动单个模型时，选中整个模型，注意不要漏选，否则移动模型时就会出现变形，按 M 键，捕捉一个点，移动并放置。注意当移动一个模型到另一个模型上时要提前成组，否则再将该模型移动出来时就会变形，而且最好是两个都成组。

"移动"工具可以精确控制移动的距离，在移动的过程中，用鼠标指定一个方向会有虚线提示，直接输入数值并按 Enter 键即可。

方向也可以用方向键锁定，在移动的过程中，按键盘上的上方向键，即可锁定 Z 轴移动，按左方向键锁定绿轴，按右方向键锁定红轴。

方向可以配合按 Ctrl 键复制模型或者阵列模型。具体的操作方法是，在移动的过程中按下 Ctrl 键，就会复制模型，放置后直接输入 *3 并按 Enter 键，就会连同复制体出现 4 个相同的模型。这里的数字可以任意设置，需要注意的是，在输入 *3 后不要按鼠标中键，否则输入会失效。

3.16 推 / 拉工具

"推 / 拉"工具 ✥ 的默认快捷键是 P，这是 SketchUp 的核心功能，大部分模型的制作都由它变化而来。

按 P 键选择"推 / 拉"工具，将鼠标指针放在面上单击并移动，会有一个面跟随着鼠标升降，四周也会出现面。

如果把鼠标指针放在面上，面没有颜色变化，可以执行"窗口"→"系统设置"命令，在弹出的对话框中找到"停用推 / 拉工具的预选取功能"复选框，如图 3-14 所示，该复选框默认不选中，当将鼠标放在面上，会有颜色的变化。

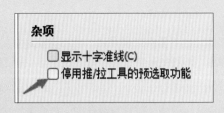

图3-14

在推拉时，会遇到选中的是平面却无法推拉的现象，造成这个现象的原因有很多，此时按下 Ctrl 键即可推出来创建新的平面。

SketchUp 自带的工具是无法推拉曲面或者平滑表面的，例如推拉一个圆柱，推拉圆柱的侧面就不可以，需要借助插件才能完成。

推拉的时候也可以推拉固定的数值，单击面并拖动鼠标，输入距离值后直接按 Enter 键。当然推拉的高度也可以通过捕捉点来控制。

如果需要推拉多个面，而且这些面的高度刚好相同，可以选择一个面推拉一定高度，然后将鼠标指针停靠在其他面上并逐个双击，此时其他面也都被推到相同的高度。需要注意的是，如果单击失误，再双击就不行了，有时候还会遇到双击面后得不到想要的结果，就需要配合 Ctrl 键手动推拉。

3.17 旋转工具

"旋转"工具❂的默认快捷键是 Q，选中"旋转"工具，鼠标指针会变成量角器的形状。

"旋转"工具的使用方法是选择需要旋转的模型（一般是组，单纯地旋转模型的某个区域容易造成模型变形），然后选中"旋转"工具，选择两个位置用来确定旋转的起始轴，然后拖动控制旋转的角度。这里也可以在控制旋转角度时，直接输入角度值，直接按 Enter 键确定。

"旋转"工具还可以复制、阵列模型。具体的操作方法是，选中模型，单击两个点确定起始轴，此时按下 Ctrl 键进行操作即可复制并旋转模型，然后确定旋转复制的位置，此时输入 *3，就会再旋转复制出 3 个相同的模型，加上原来的模型，一共 4 个。

"旋转"工具也可以均分复制，例如在 180° 内要栽 15 棵树，但是除不尽算不出角度。此时，可以选中起始点的树，选中"旋转"工具，选取两个位置，按 Ctrl 键并输入角度为 180°，按 Enter 键，输入 /14 再按 Enter 键，这样 180° 范围排上了 15 棵树。

3.18 路径跟随工具

"路径跟随"工具✐也称为"放样"工具，也是 SketchUp 的核心功能之一，该工具没有默认的快捷键，必须到"系统设置"中设置快捷键。

使用"路径跟随"工具之前要有一个截面，也就是放样的截面，然后还需要路径，路径必须要和截面有接触，截面会沿着路径放样。

"路径跟随"工具的操作方法有以下几种。

※ 手动放样。先什么都不选，也不要有任何预选，然后直接选择"路径跟随"工具，单击截面，将鼠标指针沿着路径移动，图形会随着鼠标沿着路径放样，到达终点后再单击，即可完成放样。

※ 手动放样。当遇到放样的路径中间有面的时候（如图 3-15 所示），刚好也是要放样整个一圈线的时候，可以按住 Alt 键，将鼠标指针放置在中间的面上，会有一个放样预览，此时单击即可完成放样。

※ 自动放样。先选择路径，然后直接选择"路径跟随"工具，最后单击和路径相交的面，即可完成放样。如果可以很快选中放样的路径，这样的操作是最快的。此处要注意，如果放样的图形比较复杂，可能一次无法完成，这时最好把路径复制一份并成组，然后在这个组中进行放样操作，这样后面就算操作失误，也可以快速删除，重新再画一个即可。

※ 其他方法就是用插件，可以一键生成，而且比自带的放样功能更好用。

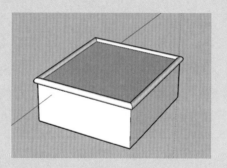

图3-15

3.19 缩放工具

"缩放"工具 <kbd>📰</kbd> 的默认快捷键是 S，缩放的对象可以是点、线、面、体，也可以是组。这里的点，是不会被放大或者缩小的，这也是可以理解的，因为点是无法定义大小的。

选中模型再选择"缩放"工具，如果选中的是一个点，就会出现一个绿色方块，如果是一条线就会出现 3 个绿色方块。如果是一个面，就会出现 9 个绿色方块，如图 3-16 所示。如果选中的是立体模型，那就要看面数了。选中绿色的方块，然后拖动鼠标，就可以缩放大小。

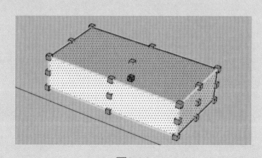

图3-16

缩放对象时，可以通过输入缩放的比例数值来控制缩放的大小。首先选中绿色的方块，并拖动鼠标，此时模型会放大或缩小。在拖动鼠标的同时，右下角的比例数值会随之变化，此时直接输入缩放比例数值，并按 Enter 键，如输入 2，即可将模型放大两倍。这里要记住是按 Enter 键，而不是按空格键。

"缩放"工具还可以中心缩放模型，只要在缩放的同时按住 Ctrl 键，就会以中心点缩放模型，最常用的操作就是选中对角的绿色方块，按住 Ctrl 键进行中心缩放，单击绿色方块拖动，确定缩放比例即可。

这里会有人问，如果是中心缩放，还要按住 Ctrl 键，此时怎么按照比例缩放呢？这里的解决方法是，先任意按中心缩放，然后直接输入数值并按 Enter 键即可。

在 SketchUp 中可以使用"缩放"工具达到镜像的效果。具体的操作方法是，在缩放的时候选择绿色方块，例如选中模型左边的一个面的中心绿色方块，单击后直接输入 −1 并按 Enter 键，这就是相对于以选中的绿色方块为对称轴镜像，这里只是左右镜像，还可以垂直镜像。在缩放移动鼠标的时候，是可以看到缩放比例在变化的，将鼠标指针移至另一侧，数值会由正值变为负值。

3.20 偏移工具

"偏移"工具⬭经常使用，需要为其设置常用的快捷键。

"偏移"工具可以偏移线或者面，如果偏移面，就会偏移构成这个面的线。例如，偏移这个面的一圈线，选择"偏移"工具，并将鼠标指针放在面上，会有一个预选，此时按住鼠标左键并拖动，会发现有一圈线在移动，这就是偏移出来的线，再单击确定偏移的位置即可。

也可以手动输入具体的偏移距离，先不选中任何模型，如果选中了任何模型，单击绘图区的空白处就可以取消选择。选择"偏移"工具，将鼠标指针放在需要偏移的面上，按住鼠标左键，稍微拖动一段距离再释放鼠标，然后输入偏移的距离并按 Enter 键即可。

偏移模型时也可以直接选中线，采取偏移线的操作。选中需要偏移的线，选择"偏移"工具，单击一点并拖动鼠标，再单击确定位置。或者选中需要偏移的线，选择"偏移"工具，单击一点，输入偏移数值直接按 Enter 键即可。

3.21 卷尺工具

"卷尺"工具🔖的默认快捷键是 T，主要功能是创建参考线或者整体按照尺寸缩放场景。虽然该工具的名称为"卷尺"，好像是用于测量的，确实可以测量，但不好用，一般需要测量时建议使用"直线"工具，因为该工具在画线的时候，右下角会提示移动的距离。

选中"卷尺"工具，鼠标指针会变成卷尺图形，单击一点，拖动鼠标会出现一条无限长的虚线，如果未出现虚线，就要重新选择一个位置重画，这就是辅助参照线。

使用"卷尺"工具如何缩放场景模型呢？"缩放"工具也可以，有什么区别呢？

"卷尺"工具可以直接设置数值，而"缩放"工具要输入缩放的比例，有时只用缩放比例很难控制模型的尺寸。此时最好用"卷尺"工具，先单击一点，再单击一点，这两个点必须是模型的两个捕捉点，否则，在单击完第一点，拖动鼠标的时候就会发现有一条无限长的虚线，这样是不对的。在单击两点后输入这两点之间的距离并按 Enter 键，会弹出如图 3-17 所示的对话框，提示是否确定调节模型的大小，注意组件大小不能调整，单击"是"按钮即可。

图3-17

用"卷尺"工具调整场景或者模型大小是不会穿透群组或者组件的，例如，场景中有 3 个模型——

A、B、C，把 B 和 C 做成一个群组，进入这个组调整模型的大小，就只会改变这个组中的模型 B 和 C，和 A 没有关系，在这个群组中再把 C 单独成组，进入 C 组用"卷尺"工具缩放场景，其余的模型都不会改变大小，因为被组隔离了。

3.22 尺寸工具

"尺寸"工具 使用起来还是比较简单的，先后单击两个位置，再单击一个位置确定标注的位置。也可以直接单击图形中的线，单击拖动鼠标到合适的位置，再单击即可。

先后单击两个点的时候要捕捉点，如果捕捉不到点可以选择画的线，然后捕捉线上的点也可以。最后单击就是确定位置，此处对于新手的难点是这个标注是三维的，会出现 3 种不同的平面位置，这里控制的诀窍就是通过按鼠标中键旋转视图，不同的视图角度放置标注的面也会容易一些。

双击标注出来的尺寸，可以更改标注的显示方式，只是显示数字看着不一样，但并不影响实际标注的距离。

3.23 量角器工具

"量角器"工具 操作起来比较简单，选中"量角器"工具，鼠标指针会变成量角器的形状，此时可以按下键盘上的方向键来切换这个量角器旋转的角度，然后单击两个位置，确定测量起始的位置并出现虚线，旋转到测量位置后单击，鼠标指针右下角会出现角度值，这样就知道相应的角度了。

如果想知道这个角度，也可以选中"量角器"工具，单击两个位置确定起始轴，然后旋转，如果模型变形了，可以按住 Ctrl 键，复制出来再旋转，旋转到合适的角度后，查看鼠标指针右下角出现的角度值，然后按空格键退出命令，这里不是标注角度，而是测量角度。

3.24 文字标签工具

"文字标签"工具 默认是标注面积、点的坐标和直线长度的。选中"文字标签"工具，鼠标指针会变成相应的图标，单击需要标注的地方并拖动鼠标，再单击一个适合的位置即可，也可以双击标注出来的文字，更改为需要的内容。

3.25 轴工具

"轴"工具 用于更改建模世界的坐标轴，该工具操作很简单。选中"轴"工具，鼠标指针就会变成坐标轴，单击一个位置作为原点，然后单击另一个位置确定红轴的方向，最后再单击一个位置确定绿轴的方向，蓝轴就已经确定了，为垂直关系。

在坐标轴上右击，在弹出的快捷菜单中选择"放置"选项，这个功能也是更改坐标轴的。如果操作失误，想恢复原来的坐标轴，可以将鼠标指针放在坐标轴上右击，在弹出快捷菜单中选择"重设"选项即可。

如果不想看到坐标轴，也可以右击坐标轴，在弹出的快捷菜单中选择"隐藏"选项，坐标轴就隐藏起来了。想将坐标轴重新显示出来，执行"视图"→"坐标轴"命令即可。

3.26 三维文字工具

"三维文字"工具🔧用来创建三维的文字模型，单击"三维文字"工具按钮会弹出"放置三维文本"对话框，如图 3-18 所示，在该对话框中只需要输入文字并设置字体，其他选项保持默认即可。

图3-18

在"放置三维文本"对话框中，单击"输入文字"文本框，输入要创建的文字。需要注意的是，在这里按 Enter 键并不是结束文字输入，而是跳到下一行，如果想输入竖排文字，就只能输入一个文字按一次 Enter 键。

在"放置三维文本"对话框中，单击"字体"下拉列表后面的下拉按钮并选择字体选项，一些常规的字体都可以用，但是位图字体不能用。如果需要使用一些特别的字体，建议在 AutoCAD 中输入，然后导入 SketchUP 中做成三维模型。

单击"放置"按钮放置模型，这个模型默认是一个组件，如果发现移动的时候发生混乱或卡顿，可以炸开模型，做成一个群组，然后再移动。如果还需要组件，可以再把群组做成组件。

3.27 定位相机工具

"定位相机"工具👤可以按照具体的位置和视点高度定位相机视野。

"定位相机"工具是一个非常好用的工具，但没有默认的快捷键，需要手动设置。"定位相机"工具和"绕轴旋转"工具联动，用完"定位相机"工具会自动跳到"绕轴旋转"工具。

选择"定位相机"工具，鼠标指针会变成一个"小人"的图标，现在需要选择相机的位置，在鼠标指针右下角有一个高度偏移数值，也就是指后面单击某个点向上偏移的距离。可以在选择"定位相机"工具以后，输入数值并按 Enter 键，精确控制距离，然后再单击一点，这个工具的操作就结束了，软件会自动切换到"绕轴旋转"工具。

3.28 绕轴旋转工具

"绕轴旋转"工具●没有默认的快捷键，如果需要经常使用该工具，可以自行设置快捷键。选择"绕轴旋转"工具，鼠标指针会变成眼睛图标，此时按住鼠标左键并拖动，会发现视图绕着一个视点旋转。鼠标指针右下角会提示当前视图处于的视点高度，也可以输入数值直接按 Enter 键精确更改视点高度。

使用"绕轴旋转"工具就相当于模拟一个人站在一个位置环顾四周，人的位置不变，只是在扭动脖子观看。

3.29 漫游工具

使用"漫游"工具👣可以以相机为视角进行场景漫游，该工具在室内设计中经常使用。该工具没有默认的快捷键，如果经常进行室内设计可以自行添加快捷键。

选择"漫游"工具，鼠标指针会变成一双脚的形状，右下角还有一个视点高度数值，也可以直接输入数值按 Enter 键进行精确调整。平移缩放视图都会改变视点高度，所以位置就会发生改变。

选择"漫游"工具，按住鼠标左键并拖动，此时视图会随着鼠标移动，从按住鼠标左键的地方会出现十字符号，拖动鼠标时，距离十字符号越远，移动的速度就越快。选择"漫游"工具并按住鼠标中键，该工具会变成"绕轴旋转"工具，配合操作非常方便。

使用"漫游"工具的最大优势就是，在室内漫游时会被模型挡住，不会穿越房间，使用其他工具进行场景漫游很容易移出房间，显得非常不真实。

3.30 剖切面工具

"剖切面"工具⊕并不常用，所以不用设置快捷键，使用时可以单击大工具栏中的工具按钮，也可以执行"视图"→"工具栏"命令，在弹出的工具栏面板中，选中"截面"复选框，在截面工具栏中也有"剖切面"工具。

选中"剖切面"工具，鼠标指针会出现一个跟随平面，左下角会有提示，提醒接下来要放置的剖切面。将鼠标指针放在面上，会提示解锁的平面，单击后会弹出"命名剖切面"对话框，如图 3-19 所示，在该对话框中命名剖切面，其他选项保持默认即可，单击"好"按钮。

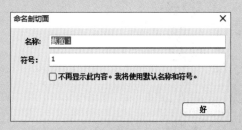

图3-19

这里的名称会对应在默认面板的管理目录中，如果隐藏了剖切面符号不知道在哪里找到，就可以在管理目录中寻找，包括场景中的所有模型都可以找到。

这里的剖切符号指的是截面 4 个边的符号，如图 3-20 所示。

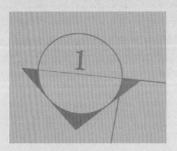

图3-20

选择"剖切面"工具，单击需要剖切的剖切面上，在弹出的"命名剖切面"对话框中，直接单击"好"按钮，会看到模型面上出现橙黄色剖切符号，这个符号经过的地方都会被剖切。也可以移动剖切符号，选中剖切符号，使用"移动"工具调整剖切符号，模型会被切割。还可以翻转剖切的方向，选中剖切符号并右击，在弹出的快捷菜单中选择"翻转"选项，即可翻转剖切方向。

3.31 截面工具栏

执行"视图"→"工具栏"命令，在弹出的工具栏面板中，选中"截面"复选框，弹出"截面"工具栏，如图 3-21 所示，各工具详解如下。

图3-21

※ 剖切面⊕：该工具和大工具栏中的"剖切面"工具相同。

※ 显示剖切面：单击该工具按钮可以显示或隐藏剖切面，控制剖切面是否显示。但即使不显示，也依然可以剖切，这个功能也可以用隐藏和显示模型来替代。

※ 显示剖面切割：单击该工具按钮可以打开或关闭剖面切割，也就是剖面是否进行切割，这是一个开关。

※ 显示剖面填充：单击该工具按钮可以打开和关闭剖面填充，也就是将剖切到的面填充，默认为填充黑色，如果不启用该工具，剖切到的线条是加粗的，面是空的。

剖切截面在同一级别中只会使用一个，并以橙黄色的剖切符号显示。例如，现在连续放置两个剖切面，会发现有一个是橙黄色的剖切符号，一个是灰色的剖切符号，橙黄色的启用，灰色的未启用。这里可以通过双击剖切符号使未启用的符号启用，原来启用的就会自动关闭。也可以选中剖切符号并右击，在弹出的快捷菜单中选择"显示剖切"选项，也可以启用。

想要同时启用多个剖切截面，就需要创建多个群组或者组件。例如，想要剖切这个正方体 3 次，就可以这样操作：先把模型成组，在组外添加剖切截面，双击进入组中，再把其中的模型成组，在这个组中添加剖切截面，再双击进入这个组中添加剖切截面，这样就启用了 3 个剖切截面。

其实很好理解，就相当于一个组是两个级别，组外一个级别，组内一个级别，可以到组中把模型再创建一个组，这样就又多了一层关系，有人可能会想，那么中间不就是两个级别了，而且是共用的形式，就是这样的逻辑，效果如图 3-22 所示。

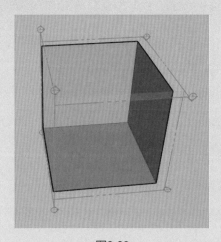

图3-22

3.32 习题

3.32.1 单选题

1. 按什么键可以切换"选择"工具？（ ）

A. 空格键。

B. 回车键。

2."材质"工具的默认快捷键和"吸取材质"的快捷键是什么？（ ）

A. B 键和 Alt 键。

B. B 键和 Ctrl 键。

C. B 键和 Shift 键。

D. B 键和 Fn 键。

3. 面的正反面颜色是否可以更改？（　）

A. 可以。

B. 不可以。

4. 如何绘制一条 Z 轴方向，长度为 200mm 的直线？（　）

A. 选择"直线"工具，单击一个位置，按上方向键，拖动鼠标确定方向，输入 200 并按 Enter 键。

B. 选择"直线"工具，单击一个位置，按上方向键，拖动鼠标确定方向，输入 200 并按空格键。

5. 如何画一个纵向的矩形？（　）

A. 按 R 键，按左或右方向键，确定方向后再绘制。

B. 按 R 键，锁定 Z 轴就可以画出来。

6. 如何从中心点开始绘制一个矩形？（　）

A. 选择工具后，按 Ctrl 键开始绘制。

B. 选择工具后，按 Alt 键开始绘制。

7. 如果通过输入精确数值绘制一个矩形，看不到绘制的矩形怎么办？（　）

A. 按快捷键 Shift+Z，充满视图显示。

B. 按住鼠标中键并拖动。

8. 圆柱的侧面为什么不能用自带的基础命令推拉？（　）

A. 因为它是曲面，自带的推拉命令不支持。

B. 只要是曲面，所有的推拉命令都不能使用。

9. 当移动模型沿着某个坐标轴移动的时候，最好的方法是什么？（　）

A. 移动的时候最好按下方向键，锁定轴向。

B. 移动的时候沿着轴向移动即可。

10. 当遇到很多面需要推拉的时候，如何快速推拉？（　）

A. 推拉生成一个模型后，逐个双击其他的面。

B. 选中所有面，直接用"推拉"工具推拉。

11. 发现推拉操作无效的时候，可以按什么键复制面并推拉？（　）

A. Ctrl 键。

B. Alt 键。

C.Fn 键。

12. 当想推拉曲面的时候怎么操作？（ ）

A. 使用自带的"推拉"工具推拉。

B. 使用插件推拉。

13.SketchUp 自带的基础"放样"工具的手动放样流程是什么？（ ）

A. 提前准备好放样的截面，并与路径垂直或者有夹角，不要选择任何模型，选择工具，单击截面，鼠标绕轴拖至合适位置单击。

B. 提前准备好放样的截面，并与路径平行，不要选择任何模型，选择工具，单击截面，鼠标绕轴拖至合适的位置单击。

14.SketchUp 自带的基础"放样"工具的自动放样流程是什么？（ ）

A. 提前准备好放样的截面，并与路径垂直，选中所有路径，选择工具，然后单击截面即可。

B. 提前准备好放样的截面，并与路径垂直，选中截面和路径，选择工具即可。

C. 提前准备好放样的截面，并与路径垂直，选中截面，选择工具，然后单击路径即可。

15. 如何把一个模型按照中心缩放两倍？（ ）

A. 选中模型按 S 键，按住 Ctrl 键，单击按住对角点的方块并拖动，任意单击一个位置并输入 2，按 Enter 键即可。

B. 选中模型按 S 键，按住 Ctrl 键，单击对角点的方块，输入 2，按 Enter 键即可。

C. 选中模型按 S 键，按住 Ctrl 键，单击按住对角点的方块并拖动，任意单击一个位置，然后输入 2，按 Enter 键即可。

D. 选中模型按 S 键，按住 Ctrl 键，单击对角点的方块，然后输入 2，按 Enter 键即可。

16. 当有多个面需要偏移时，如何使用"偏移"工具将每个面偏移相同的距离？（ ）

A. 偏移一个面后，不要退出命令，在其他面上逐一双击。

B. 选中所有面，选择工具，输入数字并按 Enter 键。

17."漫游"工具相对鼠标中键滑动有哪些优势？（ ）

A. 使用"漫游"工具在室内移动不会穿越模型，会被挡住。

B."漫游"工具更容易控制移动视图的速度。

C. 使用"漫游"工具没有优势。

18. 当添加了多个剖切截面，如何切换启动它们？（ ）

A. 双击需要启动的剖切截面，或者在剖切截面上右击，在弹出的快捷菜单中选择"显示剖切"选项。

B. 把不需要的剖切面隐藏即可，剩下的只能启动。

19. 模型添加了剖切面，到其他第三方软件中看不到效果，如何解决？（　　）

A. 第三方软件不识别，无法解决。

B.SketchUp 软件的问题，要重新安装软件才可以解决。

C. "剖切面"工具的问题，要用插件解决。

D. 第三方软件的问题，要重新安装第三方软件。

20. 面对添加多个剖面不能同时启动的问题，如何解决？（　　）

A. 把每一个剖切截面做成一个组隔离即可同时启动。

B. 将模型做成一个组，在组中就可以任意添加剖面并同时启用。

C. 将每一个剖切截面做成一个组，模型也做成组，全部隔离后就可以同时启动。

D. 剖切截面在一个层级只能启用一个，所以把模型做成组，组外为一层，组内为一层，组中各自添加一个剖切截面，以此类推。

3.32.2　多选题

1. 如何简单查看一个面材质是不是默认的无材质？（　　）

A. 看面的颜色是不是默认的颜色。

B. 吸取材质，查看默认面板中显示的名称是不是预设的。

C. 吸取材质，查看默认面板中显示的名称能不能更改，默认是不能改的。

D. 选中材质并右击，在弹出的快捷菜单中查看有没有"纹理"选项。

2. 模型中需要贴图，但是自带的贴图却找不到合适的，怎么办？（　　）

A. 创建新材质。

B. 将图片拖入软件中。

C. 把所有图片放在文件夹中，然后将这个文件夹添加到"个人收藏"中。

D. 找到图片并截图，然后到软件中粘贴。

3. 添加贴图后发现贴图大小不合适怎么办？（　　）

A. 到默认面板的"材质编辑"中输入精确的尺寸来控制贴图尺寸。

B. 选中材质并右击，在弹出的快捷菜单中选择"纹理"选项，调整"绿色图钉"的位置。

C. 将贴图的面放大或者缩小。

D. 寻找大尺寸的贴图。

4. 在调整图片纹理大小和位置的时候，经常用哪种颜色的图钉调节？（ ）

A. 红色。

B. 蓝色。

C. 绿色。

D. 黄色。

5. 如何柔化边线？（ ）

A. 使用"橡皮擦"工具配合 Shift 键处理。

B. 使用"橡皮擦"工具配合 Ctrl 键处理。

C. 使用"橡皮擦"工具配合 Alt 键处理。

D. 三击模型并右击，在弹出的快捷菜单中选择"柔化 / 平滑边线"选项。

6. "圆"工具和"多边形"工具有什么区别？（ ）

A. 圆的边数少就是多边形，多边形的边数多就是圆。

B. 圆推拉起来，侧面是光滑的，就相当于多边形推拉后柔化侧面。

C. 两者的区别就是边数，圆的默认边数多。

D. 就是名称不同，一个叫圆，一个叫多边形，其他都一样。

7. 关于"圆弧"工具的小技巧正确的说法是？（ ）

A. 在拐角的位置画圆弧，然后在其他拐角处双击，就会形成倒角。

B. 在使用"圆弧"工具倒角时，中间是不能中断的，否则就会操作失败。

C. 在使用"圆弧"工具倒角时，如果操作失误，要按 Esc 键，不要按空格键。

D. 在使用"圆弧"工具倒角时，不可以连续操作。

8. 关于移动复制的正确说法是什么？（ ）

A. 移动复制之前最好要算好数量，确定好是群组还是组件。

B. 移动的时候也可以单独画一些参考线，不一定非要捕捉模型本身进行移动。

C. 移动的时候最好以模型本身作为参照捕捉。

D. 移动的时候最好做成组，否则容易出问题。

9. 用自带的"旋转"工具如何旋转阵列？（   ）

A. 旋转的时候按住 Ctrl 键，复制旋转到一个位置，按 * 键并按 Enter 键确认。

B. 旋转的时候按住 Ctrl 键，复制旋转到一个位置，按 / 键并按 Enter 键确认。

C. 自带的旋转命令不可以旋转阵列。

10. 关于路径跟随的正确说法是什么？（   ）

A. 软件自带的"路径跟随"工具也称"放样"工具，是 SketchUp 的核心功能之一，没有默认的快捷键，最好自行设置。

B. 路径跟随大体分为两种，一种是手动放样，一种是自动放样。

C. 放样的时候最好要创建群组，方便后期修改。

D. 自带的"放样"工具最好直接放样，这样操作更方便。

11. "卷尺"工具经常使用的功能有哪些？（   ）

A. 辅助线。

B. 缩放场景大小。

C. 测量长度。

12. 一般使用"卷尺"工具缩放场景需要注意什么？（   ）

A. 缩放的级别，是局部还是整体。

B. 局部缩放要注意把模型成组，在组中缩放场景。

C. 缩放场景可以无视层级关系，在组中缩放也可以影响到组外。

D. 可以一次缩放场景中所有的模型，无论是群组组件还是锁定组件。

第4章
默认面板

本章主要讲解默认面板中各种类型的面板功能，包括"图元信息""组件""样式"等面板。

4.1 图元信息面板

找到默认面板，展开"图元信息"面板，在场景中选中什么模型，这里就会显示模型的图元信息，如图 4-1 所示。

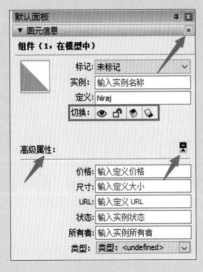

图4-1

如果在默认面板中找不到"图元信息"面板，执行"窗口"→"默认面板"→"图元信息"命令（选中），此时在默认面板中就可以找到"图元信息"面板了。关闭默认面板中的"图元信息"面板的方法是，单击右上角的"关闭"按钮，其他的面板的开启 / 关闭方法相同。

单击"高级属性"右侧的展开按钮，可以显示更多的数据。在场景中选中什么模型，"图元信息"面板中就会显示该模型的信息。例如选中线，这里就会显示线的长度、是否柔化平滑等；选择面，这里会显示面积。选中有些类型的模型后不会显示相关信息，例如，框选了多种类型的图元时，既选择了线，又选择了面或组，这里只会显示选择了几个图元。

下面介绍"切换"选项右侧的 4 个功能按钮的使用方法。

※ "隐藏 / 撤销隐藏" ：单击该按钮使选中的模型隐藏或显示，一般会将这个功能设置为快捷键，操作更方便。将模型隐藏后再单击"隐藏 / 撤销隐藏"按钮可以将隐藏的模型显示出来，也可

以单独设置显示模型的快捷键。

※ "锁定/解锁" ⌒：单击该按钮可以锁定或解锁模型，锁定的模型不能修改。除了单击该按钮可以锁定模型，选中模型并右击，在弹出的快捷菜单中也有"锁定"选项。锁定的模型边缘会出现一圈红线，如果需要解锁，在模型上右击，然后在弹出的快捷菜单中选择"解锁"选项。

※ "是否接受阴影" ▧：单击该按钮控制模型是否接收阴影。也就是说，每个物体在光照下都有阴影，有些在地面上，有的会落到周围的花花草草或者物体上，选中的模型关闭接收阴影，其他物体的阴影就不会落到这个物体上。

如图 4-2 所示，选中地板模型的面，开启不接收阴影，上面人物的阴影就没有出现在地板模型的面上。

※ "是否投射阴影" ▨：单击该按钮控制模型是否有阴影。每个物体在光照下都有影子，这个按钮可以单独设置某个模型没有阴影。

图4-2

4.2 组件面板

"组件"面板主要是用来寻找模型的，相当于在线模型库，如图 4-3 所示。在"模型名称"（写着3D Warehouse）文本框中输入模型的名称，按 Enter 键或者单击右侧的搜索按钮 ▧ 开始搜索，下面就会出现很多模型，选择下面出现的模型，拖动鼠标指针到绘图区，模型会跟随鼠标移动，单击一个位置，即可放置模型。

图4-3

4.3 样式面板

"样式"面板中一共有 3 个选项卡——"选择""编辑"和"混合"，分别介绍如下。

4.3.1 "选择"选项卡

进入"选择"选项卡，如图 4-4 所示，在"预设风格"下拉列表中，可以选择适合的风格样式。

图4-4

4.3.2 "编辑"选项卡

"编辑"选项卡，提供了"边线设置" 、"平面设置" 、"背景设置" 、"水印设置" 和"建模设置" 5 个按钮，分别介绍如下。

1. 边线设置

单击"边线设置"按钮 后，可以选中不同的复选框，不同的风格默认选中的复选框不同，其中的数值可以修改，如图 4-5 所示是建筑设计样式的选项参数。

这里选中了"边线""轮廓线""短横"复选框，当场景特别大时开启"轮廓线"会非常卡顿。

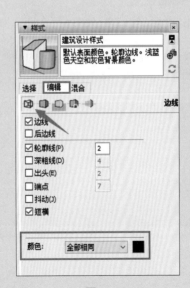

图4-5

"颜色"选项用于指定线条的颜色，下拉列表中提供了 3 个选项——"全部相同""按材质""按轴线"。选中"全部相同"选项，单击右侧的黑色方块■，会弹出"选择颜色"对话框，如图 4-6 所示，单击该对话框中的"拾色器"下拉列表，其中除了有"色轮"选项，还有 HLS、HSB、RGB 3 种选择颜色的方式，如图 4-7 至图 4-9 所示。默认是黑色，也是平时常用的，所以一般不修改。

图4-6

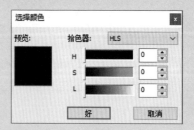

图4-7

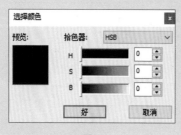

图4-8

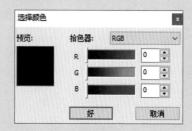

图4-9

　　在下拉列表中选择"按材质"选项，并不会发现线有各种颜色，依然还是黑色的，其实就是开启可以为线条添加颜色的功能，只要用"材质"工具为线条赋予颜色即可。

　　在下拉列表中选择"按轴线"选项，轴线方向的线变成和轴线相同的颜色，例如沿着 Z 轴方向的线，就是蓝色的，但是如果角度有偏差，不是完全沿着轴线方向的，那么还是黑色的，不会改变。

2. 平面设置

　　单击"平面设置" ，如图 4-10 所示，单击"正面颜色"右侧的方块按钮，会弹出相应的对话框，选择一种颜色，默认的都是白色的，最好还是保持默认的颜色，下面的"背面颜色"操作方法相同。

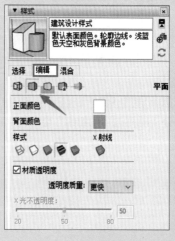

图4-10

　　"样式"选项区域在前文讲过，这里就不再赘述了。

"材质透明度"复选框默认是选中的，指 X 光透视显示的透明度，在"透明度质量"下拉列表中有"更快""一般"和"更好"3 个选项，分别代表不同的透明度质量，只有单击开启了"X 光透视显示"功能，下面的滑块才可以调节。

3. 背景设置

单击"背景设置"按钮□，此时的"样式"面板，如图 4-11 所示。单击"背景"右侧的方块按钮，可以更改背景颜色。下面还有"天空"复选框，如果不选中该复选框，就和"背景"采用相同的颜色，选中该复选框后也可以更改天空颜色。还有"地面"复选框，提供了一个"透明度"滑块，可以调整地面的透明度。"从下面显示地面"复选框可以控制在地面下能不能看到地面的颜色，视角转到地面下，可以看出是否选中该复选框的区别。

图4-11

4. 水印设置

单击"水印设置"按钮□，此时的"样式"面板，如图 4-12 所示。单击"添加水印"按钮⊕，会弹出"创建水印"对话框，如图 4-13 所示，单击"名称"右侧的"浏览"按钮，在弹出的对话框中寻找一张作为水印的图片，单击该对话框右下角的下拉列表，选择"所有支持的图像类型"选项，这样可以保证所有的图片格式都可以打开。选择需要做水印的图片单击"打开"按钮，回到"创建水印"对话框，在"名称"文本框中输入水印的名称，下面有两个单选按钮——"背景"和"覆盖"，选中"背景"单选按钮，水印就会被地面或者模型遮挡，选中"覆盖"单选按钮水印会一直处于最前面，遮挡其他模型。

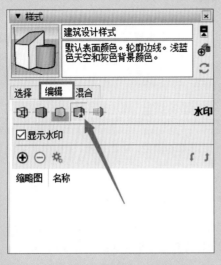

图4-12

图4-13

选中"背景"单选按钮，单击"下一步"按钮，如图 4-14 所示，底部的"混合"滑块可以控制水印的透明度，如果选中"创建蒙板"复选框就会使水印图片变得非常淡。

　　单击"下一步"按钮，如图4-15所示，在该对话框中，一般选中"锁定图像高宽比"复选框。选中"拉伸以适应屏幕大小"单选按钮后，水印就会固定位置；选中"平铺在屏幕上"单选按钮，如图4-16所示，水印就会充满整个视图，还会出现可以调整"比例"的滑块；选中"屏幕上中定位"单选按钮，会出现"比例"滑块，允许调整水印的大小，还可以控制水印在屏幕上的位置，如图4-17所示。操作完成后，单击"完成"按钮。

图4-14　　　　　　　　　　　　　　图4-15

图4-16　　　　　　　　　　　　　　图4-17

　　当不想显示水印时，取消选中"显示水印"复选框即可。如果要重新设置水印，可以单击小齿轮按钮，在相应的对话框中进行重新调整即可。

5. 建模设置

　　单击"建模设置"按钮，此时的"样式"面板，如图4-18所示，提供了"选定项""已锁定""参考线""未激活的剖切面""激活的剖切面""剖面填充""剖切线"颜色选项，单击每一个选项左侧的颜色方块按钮，会弹出选择颜色的对话框，可以更改对应选项的颜色。除此之外，还提供了大量复选框，具体的使用方法如下。

　　※　剖面线宽度：该文本框中的数值可以控制剖面线的显示宽度，只能输入1~20的数值。

　　※　隐藏的几何图形：选中该复选框，将隐藏的结构线以虚线的形式显示出来。例如，将一个圆形推拉成圆柱，然后选中该复选框，即可看到圆柱体竖着的一圈虚线。

　　※　隐藏的对象：选中该复选框，将隐藏的群组或者组件以网格线显示，如果不是群组或者组件将不会显示，如图4-19所示。

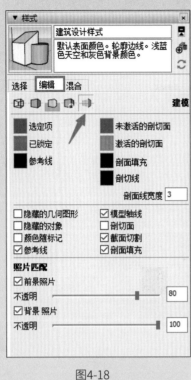

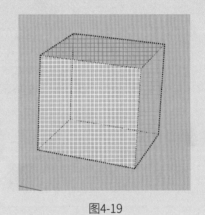

图4-18   图4-19

※　颜色随标记：选中该复选框，将对应标记中的所有模型都设置为标记的颜色。

※　参考线：该复选框控制是否显示参考线。

※　模型轴线：该复选框控制是否显示坐标轴。

"剖切面""截面切割""剖面填充"复选框的使用方法，详见大工具集中"剖切面"部分的介绍。

"照片匹配"选项区域中的复选框和滑块，一般情况下不用调整，因为操作都是看着图片直接建模的，完全凭借操作者的经验。

4.3.3　"混合"选项卡

进入"混合"选项卡，如图4-20所示，使用该选项卡中的控件，可以将不同的风格混合到一起。例如，找到一个"混合风格"选项，将其拖至"边线设置"选项，此时场景中的模型边线用的就是这个风格线。也可以单击底部的风格选项，此时会变成"油漆桶"工具，单击上面的风格设置即可。可以在"混合风格"下拉列表中选择不同的样式风格选项，都可以进行混合使用。

图4-20

4.4 标记面板

"标记"面板在以前的版本中称为"图层"面板，即将模型放在不同的管理层中，方便管理，如图4-21所示，该面板的主要组件使用方法如下。

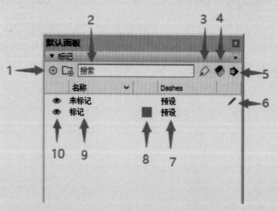

1.添加标记；2.搜索标记名称；3.标记工具；4.颜色随标记；5.详细信息；6.切换图层；
7.线型；8.图层颜色；9.标记名称；10.显示/隐藏模型

图4-21

※ 添加标记：单击该按钮可以自动添加一个标记。

※ 搜索标记名称：在该文本框中可以输入搜索标记的名称。

※ 标记工具：该工具和大工具集中的"标记"工具的使用方法相同。

※ 颜色随标记：单击该按钮，将模型颜色变成标记设置的颜色。

※ 详细信息：单击该按钮会弹出菜单，和在下方标记上右击弹出的快捷菜单相似，菜单中常用的是"删除标记""清除"选项，分别用于删除选中的标记和清除所有标记。

※ 切换图层：这里有一个铅笔图标，图标在哪个标记后面，当前操作的就是这个标记。在其他标记后面单击同样的位置就可以切换操作的标记。

※ 线型：单击该按钮会弹出列表，如图4-22所示，可以选择线的类型。注意，选的不是线，而是"预设"。

※ 图层颜色：单击该按钮会弹出对话框，可以设置颜色，这个颜色就是开启了"颜色随标记"后显示的颜色。

图4-22

※ 标记名称：单击这个位置可以更改标记的名称。

※ 显示/隐藏模型：单击该按钮可以显示或者隐藏此标记中的模型。

把对应的模型添加到标记中，并切换不同标记进行绘图。也可以这样操作，选中模型，打开默认面板中的"标记"面板，在下拉列表中选择一个标记进行切换操作。

4.5 阴影面板

"阴影"面板如图4-23所示，该面板左上角有一个开关按钮，单击该按钮即可打开或者关闭阴影效果，前文讲解样式工具栏时有一个"阴影"工具，那个并不是控制阴影的开关。开启阴影效果后即可在顶部的"时间"下拉列表中选择时间（UTC+08:00），不同的时间代表不同的太阳照射角度，所以阴影也会出现不同的效果。

图4-23

拖动"时间"滑块可以控制具体的时间，也可以使用后面的微调按钮精确调整时间。拖动"日期"滑块可以控制日期，也可以使用右侧的设置日期按钮，快速选择需要使用的日期。

通过拖动"亮"和"暗"滑块，可以控制模型照射的亮度和阴影深度。

选中"使用阳光参数区分明暗面"复选框，可以使用阳光的数值区分模型的明暗面。

在"显示"选项区域中的 3 个复选框主要用于控制阴影的位置。"在平面上"复选框用于控制阴影能不能落在其他模型面上；"在地面上"复选框用于控制阴影能不能落在地面上；"起始边线"复选框用于控制是否在线上产生阴影。

4.6 场景（动画）面板

讲解场景就必须提到动画，在 SketchUp 中制作动画主要是设置在不同的视角之间进行跳转，例如从 A 点走到 B 点再走到 C 点，就要在 A、B、C 点各设置一个视角，即关键帧，如果从 A 点走到 B 点再走到 C 点最后又走到了 D 点，设置 A、D 点的关键帧，视图就不会经过 B、C 点，SketchUp 中的动画就是如此设置的，没有专业的动画软件那样复杂的设置，更没有 Maya、Houdini、C4D 软件那么专业。

在 SketchUp 中如何设置视角关键帧，可以执行"视图"→"动画"→"添加场景"命令，也可以在"场景"面板中单击"添加场景"⊕按钮来添加场景，如图 4-24 所示。

在添加场景后，在绘图区上方会出现"场景跳转"选项卡，在相应的场景选项卡上右击，会出现快捷菜单，如图 4-25 所示。

图4-24

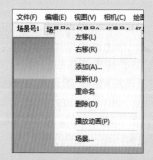

图4-25

选择"左移"或"右移"选项，可以调整创建场景的顺序；选择"添加"选项可以添加场景；选择"删除"选项可以将场景删除；选择"重命名"选项可以更改场景的名称。

选择"更新"选项可以更新当前场景的视图角度，以及场景中的参数。单击"场景跳转"选项卡就会跳转到对应的场景视角中，如果此时更改了角度并选择"更新"选项，再单击这个场景的"场景跳转"选项卡就会跳转到更新的角度。

选择"播放动画"选项，就会从"场景 1"开始播放到最后一个场景。

执行"视图"→"动画"→"设置"命令，会弹出"模型信息"对话框，如图 4-26 所示，选中"开启场景过度"复选框，并调整下面的时间参数可以控制场景过渡的时间长度，即一个场景跳转下一个场景的时间。下面还有一个"场景暂停"参数，用来控制到达某个视角后会停留多长时间，再跳转到下一个视角。

图4-26

默认面板中的场景控件，如图 4-27 所示。

单击"更新"按钮 ⟳，可以更新当前场景；单击"添加场景"按钮 ⊕，可以为当前场景添加场景；单击"删除场景"按钮 ⊖，可以删除选定的场景；单击"场景上下移"按钮 ⫯ ⫯，可以调整选定的场景顺序；单击"查看选项"按钮 ⊞▾，会弹出下拉列表，可以调整场景显示的图标；单击"显示 / 隐藏详细信息"按钮 ⊡，下方会出现新的选项，如图 4-28 所示；单击"菜单"按钮 ➡，会弹出下拉列表，其实就是前面功能按钮的集合选项。

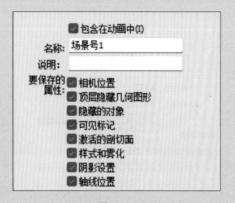

图4-27

图4-28

下面详细介绍单击"显示／隐藏详细信息"按钮后出现的新选项。

选中"包含在动画中"复选框（如果不选中该复选框，将无法使用下面的选项），通过输入"名称"和"说明"内容，添加内容提示。

"要保存的属性"选项区域中的复选框一般都是选中的。以"阴影设置"复选框为例，开启阴影创建一个场景，这里"场景1"下的阴影设置要全部开启，然后换一个视角，将阴影关闭，创建一个场景，然后把"场景2"下的阴影设置全部取消选中，再换一个视角，将阴影关闭，创建场景。记得把"场景3"下的阴影设置全部选中，此时单击"场景1"就是有阴影效果的，再单击"场景2"还是有阴影的。因为是从有阴影的"场景1"过渡来的，而且"场景2"没有选中"阴影设置"复选框，接下来单击"场景3"，是没有阴影的，然后再单击"场景2"，又没有阴影了。因为是从没有阴影的"场景3"过渡来的，且"场景2"没有选中"阴影设置"复选框。

接下来讲述如何输出动画。在设置好关键帧场景的情况下，执行"文件"→"导出"→"动画"命令，会弹出对话框，选择一个保存的路径并添加文件名。下面有一个"保存类型"下拉列表，这里的选择看需求，如果输出的是视频就选择 MP4 格式，如图 4-29 所示，如果选择下面的图像集选项，不要把路径直接放在系统桌面上，要单独放在一个文件夹中，因为会出现很多图片文件，直接放系统桌面上计算机可能会"卡死"，最后还要进入 Preinstal Environment 预安装环境中把图片删除。生成照片集后可以通过导入 Adobe Premiere 软件中生成视频，这样生成的视频也是最清晰的。

在输出对话框中有一个"选项"按钮，单击该按钮会弹出"输出选项"对话框，如图 4-30 所示。这里有需要改动的选项是分辨率，改动分辨率，下面的长宽比例以及宽度、高度都会随之改变。最后单击"好"按钮，回到输出对话框，单击"导出"按钮即可输出视频。

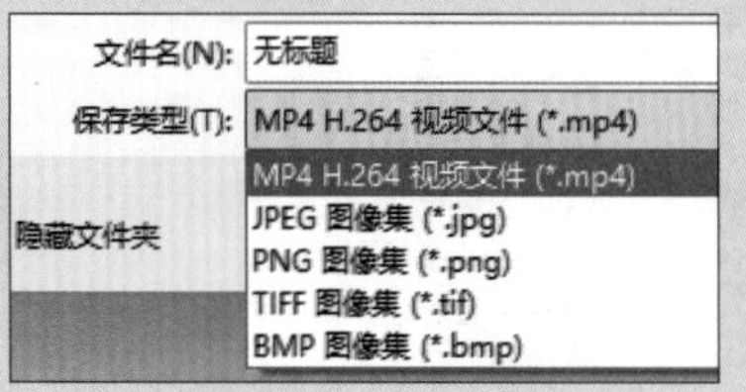

图4-29

图4-30

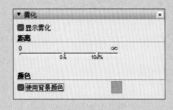

4.7　雾化面板

在"雾化"面板中，选中"显示雾化"复选框开启雾化效果，如图 4-31 所示。也可以执行"视图"→"雾化"命令。

图4-31

"距离"参数，实际指的是高度，其中有两个滑块，一个在 0%，指的是在哪个距离位置上没有雾，然后过渡到另外一个 100% 的位置，指的是全雾。

"颜色"指的就是雾的颜色，选中"使用背景颜色"复选框会使用默认的背景颜色，否则，单击后面的色块，在弹出的对话框中选择颜色，这里无论选择什么颜色，只要选中了"使用背景颜色"复选框就会使用背景色。

4.8　柔化边线面板

"柔化边线"面板会经常使用，但一般不会直接打开使用，而是三击模型后，将鼠标指针放在模型上右击，在弹出的快捷菜单中选择"柔化 / 平滑边线"选项，软件自动弹出"柔化边线"面板。如果是三击模型后，将鼠标指针放在模型上右击，在弹出的快捷菜单中选择"柔化 / 平滑边线"选项，只会对线起作用。

"柔化边线"面板，如图 4-32 所示，将"法线之间的角度"滑块向左拖曳角度变小，反之角度变大。下面还有两个复选框，基本都是选中的。例如，画一个圆并推拉，三击这个模型将鼠标指针放在模型上右击，在弹出的快捷菜单中选择"柔化 / 平滑边线"选项，然后将"法线之间的角度"滑块向左拖曳，就能看到圆柱四周出现了线条，选中侧面的线和面，再将"法线之间的角度"滑块向右拖曳，发现又回去了。可以通过这种方式选中需要柔化的线面，通过调整角度控制线。

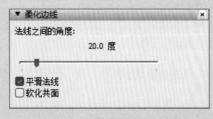

图4-32

4.9　管理目录面板

"管理目录"面板如图 4-33 所示，其中会出现场景中所有的群组或组件，可以控制模型的显示或进入组中。

单击管理目录群组或组件左侧的"隐藏 / 显示"按钮 👁 可以显示或隐藏群组或者组件。

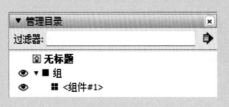

图4-33

双击群组或组件前面的黑色方块可以进入群组或者组件中。也可以通过按快捷键使模型隐藏，然后双击直接进入组中。在遇到一些特殊的情况时，就要用管理目录来操作，例如，在组中将所有的模型都隐藏然后退出组，之后就找不到了，用命令显示全部也是无效的，因为组中的模型已经隐藏，要到组中显示才可以。此时就要在"管理目录"面板中找到这个组，双击并进入组中，然后按快捷键显示全部即可。

4.10　习题

4.10.1　单选题

1. 默认面板中的组件经常用在哪个方面？（　　）

A. 下载模型。

B. 管理组件。

C. 管理场景中的群组和组件。

D. 清理场景中的群组和组件。

2. 在样式的编辑边线设置中，开启哪个选项计算机会特别卡顿？（　　）

A. 短横。

B. 端点。

C. 出头。

D. 轮廓线。

3. 如何为线条赋予颜色？（　　）

A. 直接用材质工具为线条添加颜色。

B. 线条上不能添加颜色。

C. "样式"面板的编辑边线设置中，将"颜色"设置为"按材质"，然后用材质工具为线赋予材质。

4. 如何让模型的颜色跟随标记图层中的颜色变化？（　　）

A. 在"样式"面板的编辑建模设置中，选中"颜色随标记"复选框。

B. 更改标记中的颜色。

5. 如何使用风格混合？（　　）

A. 在"样式"面板中，将其下面的风格添加到上面的设置选项中。

B. 在每个风格样式中可以自行更改风格。

6. 如何快速更改模型的线型？（　　）

A. 选中模型，在边线设置中选择相应的选项。

B. 选中模型的边线，用插件替换一个线型。

C. 首先创建一个标记，然后把选中的模型放进去，在其中改变线型。

D. 为线条添加线型的材质图片。

7. 如何开启阴影？（　　）

A. 在"阴影"面板中，开启"显示 / 隐藏阴影"开关。

B. 找到样式工具栏，单击"阴影"工具按钮即可开启阴影效果。

8. 在输出动画时，输出的是图像序列，如何把这些图片变成视频？（　　）

A. 把这些序列图片导入 Adobe Premiere 中，自动生成，然后导出。

B. 只能是图片，不可以再变成视频。

C. 把图片导入 SketchUp 中生成视频。

9. 开启了雾化效果后，为什么看不到雾的效果？（　　）

A. 因为目前的雾气离得太远，可以调整"距离"参数控制雾的浓度。

B. 将模型放到雾气浓的位置。

C. 要设置地理位置和时间，当前的地理位置和时间不可能产生雾。

10. 如何更改雾化的颜色？（　　）

A. 在"雾化"面板中，取消选中"使用背景颜色"复选框，然后单击其颜色方块，选择一种颜色即可。

B. 不可以更改雾的颜色，必须是白色的，否则不符合自然规律。

11. 柔化平滑针对的是线，还是面？（　　）

A. 线。

B. 面。

12. 在组中把模型隐藏并退出，找不到组了，此时如何把隐藏的模型显示出来？（　　）

A. 在"管理目录"中找到这个组，然后双击并按快捷键显示全部。

B. 直接按钮快捷键显示全部即可。

4.10.2 多选题

1. 图元信息都有哪些作用？（　　）

A. 统计线段的长度和模型面的面积。

B. 隐藏模型和锁定模型。

C. 控制模型是否投射和接收阴影。

D. 减少模型的体量。

2. 图元信息的切换中有哪些功能？（　　）

A. 隐藏显示模型和锁定模型。

B. 控制模型是否投射和接收阴影。

C. 切换图层。

D. 统计个数。

3. 一个模型没有影子，可能是哪些原因造成的？（　　）

A. 没有开启阴影。

B. 在图元信息中把模型设置为不投射阴影。

C. 添加了材质，而且把材质的透明度降到了 70% 以下。

D. 添加了没有阴影的材质。

4. 模型呈现如图 4-34 所示的状态，可以选中，是什么原因，如何解决？（　　）

A. 隐藏了群组或者组件，选中建模设置中的"隐藏对象"复选框。

B. 只要取消选中"样式"面板中编辑建模设置中的隐藏对象。

C. 关闭"后边线显示"。

D. 取消模型隐藏。

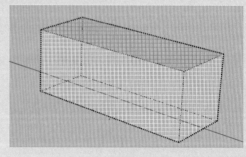

图4-34

5. 如何将模型换一个标记放置？（　　）

A. 选中需要更换标记的模型并右击，在弹出的下拉列表中选择"模型信息"选项，然后在"标记"面板中选择需要放置的标记。

B. 选中需要更换标记的模型，然后到"标记"面板中选择对应标记后面需要有铅笔的地方，这样就将模型换标记了。

C. 画好了的模型不能更换标记。

D. 把模型隐藏起来，然后切换到对应的标记再显示出来。

6. 如何在 SketchUp 中制作动画？（　　）

A. 执行"视图"→"动画"→"添加场景"命令，即可创建场景关键帧。

B. 到"场景"面板中，单击加号按钮添加场景动画。

C. SketchUp 不能制作动画。

D. SketchUp 只能做简单的建筑漫游动画，不能制作复杂的人物角色动画。

7. 如果需要在 SketchUp 中制作动画，从 A 点出发，经过 B、C、D 点最后到达 E 点，应该如何设置关键帧，创建场景的时候应该注意什么？（　　）

A. 在创建场景时，要设置每一个经过的视角，这个运行机制就是从一个场景到下一个场景直线连接。

B. 这里的 A、B、C、D、E 点，每一个地方都要设置关键帧，如果在某一个点上摇头观看，也要设置关键帧，否则这个视角就会消失，就算只是移动视角没有位移也是这样的。

C. 直接设置头尾关键帧即可，其他不用。

D. SketchUp 无法制作这种多视角动画。

8. 在 SketchUp 中制作动画时，更改场景风格、剖面、阴影之类时应该注意什么？（　　）

A. 在更改场景后，要及时更新场景。

B. 例如在一个场景视角调整了显示风格，单击"更新"按钮，你不要想着其他的场景风格也改了，如果要全部更改就要每一个都更新。

C. 在更新场景时，应该注意保存的类型，特别是面对特殊需求时，还有当你制作场景跳转后，发现出现错误，就要去检查更新的类型，去"场景"面板的"显示 / 隐藏信息"中检查选中的内容。

D. 没有值得注意的地方，随心所欲创建即可。

9. 如何把模型的结构线以实线显示？（　　）

A. 三击模型，先把结构线显示出来并右击，在弹出的快捷菜单中选择"柔化 / 平滑边线"选项，此时默认面板会弹出来，将滑块向左拖曳，就有了实线。

B. 用插件直接显示。

C. 用"橡皮擦"工具配合 Ctrl+Shift 键来擦除，也可以显示。

D. 执行"取消隐藏"命令显示线。

第5章
菜单栏命令

本章讲解菜单栏中的命令，包括"文件""编辑""视图""相机""绘图""工具"菜单，其中"文件"菜单在前文已经讲过，这里就不再赘述了。

5.1 "编辑"菜单栏

"编辑"菜单栏中要讲解的命令包括"撤销""复制""隐藏"和"模型交错"等，如图5-1所示。

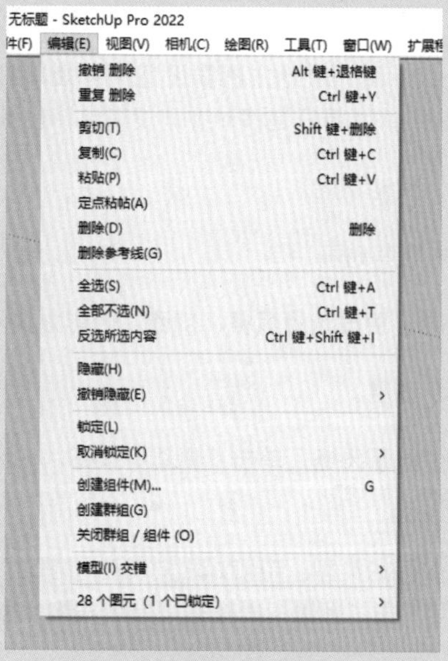

图5-1

5.1.1 "撤销"与"重复"命令

如果删除了一个模型，发现是误操作想还原，此时可以执行"编辑"→"撤销"命令，也可以按快捷键执行命令，默认的快捷键是 Alt+Backspace 键，也可以设置一个单独的字母作为快捷键，但建议将快捷键设置为 Ctrl+Z，这是计算机系统自带的快捷键，其他软件的类似命令也使用这个快捷键。

"重复"命令和"撤销"命令是相反的，例如将模型删除，执行"撤销"命令返回之前的操作，再执行"重复"命令，又会返回"撤销"之前的状态。"重复"命令在 SketchUp 中的快捷键是 Ctrl+Y，这里就不需要更改快捷键了。

5.1.2　剪切、复制、粘贴、定点粘贴

　　"剪切""复制""粘贴"命令和计算机系统中命令的含义类似，只不过在 SketchUp 中针对的是模型，快捷键分别是"剪切"Ctrl+X，"复制"Ctrl+C，"粘贴"Ctrl+V，这里的"定点粘贴"就是把粘贴的模型粘贴到原来的位置，快捷键是 Ctrl+B。

5.1.3　删除、删除参考线

　　"删除"命令就相当于按键盘上的 Delete 键，即选中模型按 Delete 键将其删除。

　　"删除参考线"命令指的是删除"卷尺"工具画的辅助线，该命令可以一次删除所有的辅助线，不用进到群组逐一删除。

5.1.4　全选、全部不选、反选所选内容

　　"全选"命令就是将当前场景中显示的除了不可以选中的模型全部选中，快捷键为 Ctrl+A。

　　"全部不选"，相当于单击绘图区空白处，取消当前的选择状态。

　　"反选所选内容"，顾名思义就是反选场景的模型，快捷键是 Ctrl+Shift+I，也可以先按快捷键 Ctrl+A 全选，然后通过减选来达到和反选相同的效果。

5.1.5　隐藏、撤销隐藏（选定项、最后、全部）

　　"隐藏"命令就是将模型隐藏，不可查看，建模经常会用到，所以要单独设置为字母的快捷键。

　　"撤销隐藏"子菜单中有 3 个命令。"选定项"命令必须先选中隐藏的对象才可用；"最后"命令就是取消隐藏最后隐藏的模型，例如，先后隐藏 A、B、C、D 四个模型，因为最后隐藏的是 D，所以取消隐藏的就是 D；"全部"命令就是把所有隐藏的模型全部显示出来，这个经常用的，所以一定要把它设置成单独的字母快捷键。

5.1.6　锁定、取消锁定（选定项、全部）

　　"锁定"命令和在模型上右击，在弹出的快捷菜单中选择"锁定"选项，还有"图元信息"面板中的"锁定"按钮功能相同。

　　"取消锁定"子菜单中有两个命令，一个是"选定项"命令，即解锁选中的模型；另一个是"全部"命令，即将场景中所有的锁定模型解锁。

5.1.7 创建组件 / 群组、关闭群组 / 组件

　　"创建组件"或"创建群组"和选中模型在模型上右击，在弹出的快捷菜单中选择"创建群组"或"创建组件"命令的效果相同，"创建群组"和"创建组件"命令很常用，所以最好设置快捷键。"关闭群组 / 组件"命令就是进入组中，只要按 Esc 键就可以退出。

5.1.8 模型交错

　　"模型交错"命令的作用是使模型之间相交的地方产生实线。"模型交错"命令有两种情况，一种是"整个模型交错"，另外一种是"只对选择对象模型交错"。

　　例如，绘制 3 个模型 A、B、C，A 和 C 都与 B 相交，A 和 C 不相交，现在选择 A 或者 B，执行"只对选择对象模型交错"命令，A 和 B 之间相交的地方就会产生实线。选择 A、B、C 中任意一个模型，执行"模型交错"命令，A、B、C 三者只要有相交的地方都会产生实线。如果不方便观察可以将模型移走再查看生成的线。

5.2　视图菜单栏

　　"视图"菜单栏讲解的内容包括"隐藏物体""隐藏的对象""边线类型""组件编辑"等，如图 5-2 所示。

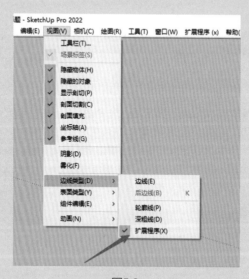

图5-2

5.2.1 隐藏物体、隐藏的对象、边线类型

　　"隐藏物体"命令是将隐藏的不是组的模型，以网格线的方式显示出来。

"隐藏的对象"命令隐藏的是组的模型，并以网格线的方式显示出来。

在"边线类型"中的"扩展程序"指的就是"出头"，在"样式"面板的"编辑"选项卡中选择边线设置，那里有很多复选框，可以看一下"边线类型"对应的是哪一个。

5.2.2　组件编辑

"组件编辑"子菜单，如图 5-3 所示，其中有两个命令——"隐藏剩余模型"和"隐藏类似的组件"。

图5-3

"隐藏剩余模型"命令就是当进入群组或组件时，会隐藏组外的模型。在制作模型时经常进入组中修改模型，但是外面的模型太复杂需要隐藏，此时就要用到这个命令。

"隐藏类似的组件"命令针对组件，进入组件后，外面和这个相同的组件就会被隐藏，是组件不是群组，所以外面只要不是这个组件的都不会隐藏。

5.3　相机菜单栏

"相机"菜单栏讲解的内容包括"标准视图""平行投影""透视显示"等，如图 5-4 所示。

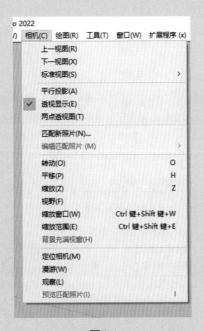

图5-4

5.3.1 上一视图、下一视图、标准视图

"上一视图"命令就是回到上一个停下的视图；"下一视图"命令就是回到下一个停下的视图。在"标准视图"下拉列表中，有 7 个视角命令，如图 5-5 所示，可以单击切换视角，这个操作和"视图"工具栏中的工具是对应的，如图 5-6 所示，"视图"工具栏中也有 7 个工具按钮分别对应 7 个视角，可以将鼠标指针停在工具按钮一会儿，会有名称提示。

顶视图(T)
底视图(O)
前视图(F)
后视图(B)
左视图(L)
右视图(R)
等轴视图(I)

图5-5

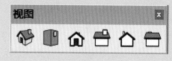

图5-6

5.3.2 平行投影、透视显示、两点透视图

"平行投影"命令就是在一束平行光线照射下形成的投影，执行该命令后竖线看起来更竖直。不过执行该命令后有些第三方插件不识别。

执行"透视显示"命令，即可开始绘制模型，这个视图更有利于观察模型。

执行"两点透视图"命令，建筑物两个立角均与画面成倾斜角度，一般在输出建筑效果图时会选择这个视角。

5.4 绘图菜单栏

绘图菜单栏中的命令大部分都讲过了，这里就不再赘述了。"沙箱"子菜单中有两个命令——"根据等高线创建""根据网格创建"，如图 5-7 所示，这两个命令其实就是"沙箱"工具栏中的两个工具，"沙箱"工具栏如图 5-8 所示。

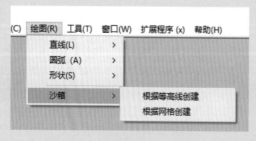

图5-7

图5-8

单击"根据等高线创建"工具按钮 ，将不同高度的线放样连接到一起。例如，画 3 个不同大小的圆，

放在不同的高度，然后选中3个圆，单击"根据等高线创建"工具按钮 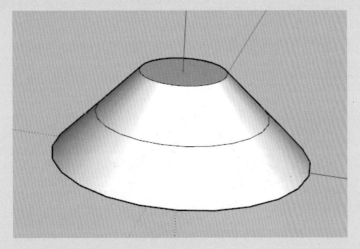，就得到了如图5-9所示的结果，这里必须先选中线才可以，否则会提示要选择等高线。

图5-9

单击"根据网格创建"工具按钮 ▦，鼠标指针右下角有一个栅格间距参数，可以输入数值，定义网格间距，接下来即可开始绘制，可以单击一点并拖动定义距离，换一个方向再拖动单击，也可以在拖动时输入距离并按Enter键。网格绘制完成后，其实就是一个网格，然后将整体做一个群组，双击即可进入。

单击"曲面起伏"工具按钮 ✍，鼠标指针右下角有一个曲面起伏的半径参数，可以直接输入数值并按Enter键更改，将鼠标指针放在网格面上会出现红色的圈，这就是半径，如图5-10所示。注意："曲面起伏"工具不能穿透组，所以如果是之前绘制的网格沙盒将出现错误，因为这是一个群组，将鼠标指针放在上面没有反馈，需要进入组中再单击"曲面起伏"工具按钮。单击网格并拖动，会出现很多黄色的点，黄色的点越大，受到的影响就越大，即受力范围，再单击结束操作，然后还可以输入半径范围的距离，就这样重复调整，得到想要造型后按空格键退出。

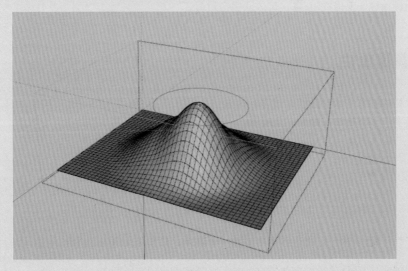

图5-10

单击"曲面平整"工具按钮<img_1 icon inline/>，首先在地形的正上方绘制一个面，注意两者都要在同一级别中，该操作不能够穿透组层级，先单击上面的面，然后单击下面的曲面地形，随后拖动鼠标，地形上会出现和上方一样的面，可以伴随着地形的上下拉动单击确定位置，完成操作，如图5-11所示。

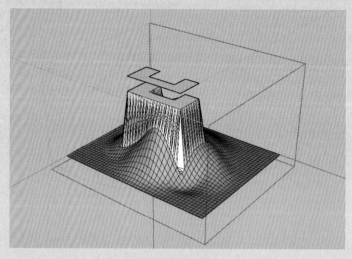

图5-11

单击"曲面投射"工具按钮，可以将线投射到地形上面。具体操作为，单击"曲面投射"工具按钮，然后单击地形上方的平面，再单击地形，操作完成。

也可以全选平面或者线，然后单击"曲面投射"按钮，再单击地形，完成操作。这样的操作有一个好处，即可以直接用线生成。

单击"添加细部"工具按钮，可以让原来的网格细分得更多，只要选中需要细分的面，再单击"添加细部"工具按钮即可。这个按钮不能单击太多次，否则容易造成计算机卡顿。

单击"对调角线"工具按钮，可以把线条对调。

5.5 工具菜单栏

工具菜单栏中的命令大部分都讲过了，这里就不再赘述了，这里主要讲解"实体工具"工具栏，也称为"布尔运算"工具栏，如图5-12所示。

图5-12

"实体外壳"：将所有选定模型合并为一个实体，并删除所有内部图元。

"相交"：使所选的全部实体相交，并仅将其交点保留在模型内。

"联合"：将所有选定模型合并为一个实体，并保留内部空隙。

"减去" 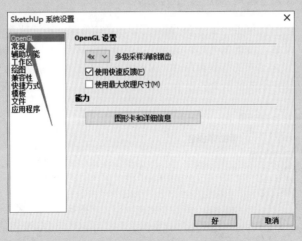：用第二个实体减去第一个实体，并仅将结果保留在模型中。

"剪辑"：用第二个实体剪切第一个实体，并将两者同时保留在模型中。

"拆分"：使所选模型相交，并将所有结果保留在模型中。

解释一下 SketchUp 中什么才算实体，即构成形体的必要线，只要有多余的线就不能称为"实体"，例如画一个正方体，在面上多画一条线，那么这个正方体就不是实体了。

"实体"工具必须用在组中，如果遇到将鼠标指针放在模型上提示不是实体，这个问题其实是有插件转换的实体，但是很有可能依然不是理想的状态，所以基本就不用实体工具了，而是用模型交错代替。还有经常遇到先后单击模型顺序错误导致的结果错误，当出来的结果有错误，就撤销操作，换一种模型顺序重新操作。

5.6 窗口菜单栏

"窗口"菜单栏中的命令大部分都讲过了，这里不再赘述，本节主要讲解"系统设置"命令。执行"窗口"→"系统设置"命令，会弹出"SketchUp 系统设置"对话框，如图 5-13 所示。

图5-13

选中 OpenGL 选项卡，其中的"多级采样消除锯齿"选项就是控制场景显示的精度，数值越大显示越精细，但对计算机的配置要求也越高，可以在右侧的下拉列表中选择一个选项，也可以依据坐标轴线显示情况考虑是否合适。"使用最大纹理尺寸"复选框默认不选中，单击"图形卡和详细信息"按钮可以看到计算机显卡的情况。

选中"常规"选项卡，如图 5-14 所示，其中的"创建备份"和"自动保存"复选框需要选中，但是之前必须保存过文件，如果从绘制开始就没有保存过文件，那么软件不会保存文件。后面还有一个每隔几分钟保存一次文件的微调按钮，如果计算机配置较高可以把时间设置得短一些。

"发现问题时自动修复问题""问题修复后通知我"两个复选框不用选中，否则当模型出现问题时软件就会疯狂计算，很有可能导致闪退，而且模型做得不规范还会导致文件打不开，所以这两个复选框不要选中。

"允许检查更新"复选框一般不会选中，否则打开软件时总会提醒更新软件。

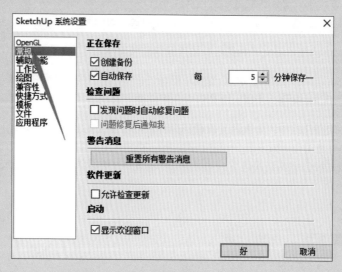

图5-14

"显示欢迎窗口"复选框一般要选中，每次打开软件时提示选择一个模板，这个是很必要的。

选中"辅助功能"选项卡，如图5-15所示，其中可以设置软件默认线的颜色和坐标轴的颜色，X、Y、Z轴线的颜色为红、绿、蓝色，当线和其他的线呈平行或者垂直状态时，绘制的线就是洋红色的。当线和其他的线呈切线关系时，画出来的线是青色的。这些都可以通过单击对应的颜色按钮来修改显示的颜色，单击"全部重置"按钮可以恢复默认的颜色。

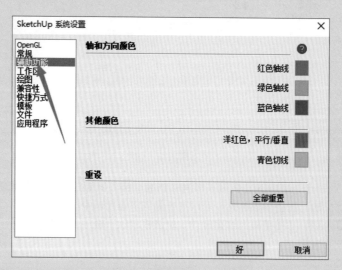

图5-15

选中"绘图"选项卡，如图5-16所示，选中"杂项"中的"显示十字准线"复选框，绘图时鼠标指针会带有十字光标，就像坐标轴一样，沿着坐标轴方向的线显示红、绿、蓝色，开启的效果如图5-17所示。

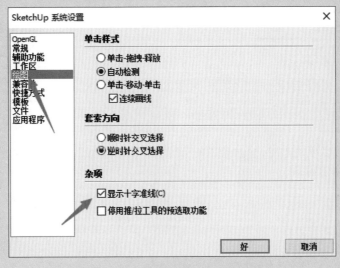

图5-16

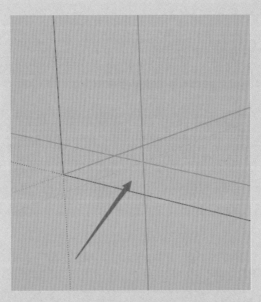

图5-17

5.7 扩展程序菜单

　　"扩展程序"菜单中经常用到的只是"扩展程序管理器"命令，执行"菜单"→"扩展程序"→"扩展程序管理器"命令，会弹出"扩展程序管理器"对话框，如图 5-18 所示。该对话框是安装独立插件的地方，安装好的插件也会出现在这里，单击"安装扩展程序"按钮后选择相应的插件并打开，这样就安装好了插件。

　　安装插件要注意以下几点。

　　（1）确保 SketchUp 的安装路径必须为默认路径，且不能包含中文。

图5-18

（2）有些插件在安装之前需要安装运行库。

（3）要注意插件的版本号和 SketchUp 的版本号要对应。

（4）市场上有很多收费插件，当过了试用期后，有些功能就不能使用了。

5.8 习题

5.8.1 单选题

1."重复"命令的快捷键是什么？（　）

A.Ctrl+A。

B.Ctrl+B。

C.Ctrl+Y。

D.Ctrl+D。

2."剪切"命令的快捷键是？（　）

A.Ctrl+A。

B.Ctrl+B。

C.Ctrl+C。

D.Ctrl+X。

3."复制"和"粘贴"命令的快捷键分别是什么？（　）

A.Ctrl+A 和 Ctrl+B。

B.Ctrl+C 和 Ctrl+V。

C.Ctrl+Y 和 Ctrl+Z。

D.Ctrl+E 和 Ctrl+R。

4.将模型隐藏后，如何快速将模型显示出来？（　）

A. 到管理目录中找到模型，然后直接单击"显示 / 隐藏功能"按钮。

B. 执行"编辑"→"撤销隐藏全部"命令。

C. 直接按"撤销隐藏全部"命令的快捷键。

5.模型交错后可以看到什么？（　）

A. 模型与模型交接的地方会有实线。

B. 没有明显变化。

6.模型交错中只对选中模型交错和整个模型交错有什么区别？（　）

A. 两个没区别，同样可以交错出线来。

B. 只对选中模型交错时，对已经选中的模型之间交错，而整个模型交错不仅对选中模型产生线，还对那些没被选中进行交错，和选中的模型之间依然有交错线。

7."视图"→"边线类型"中的"扩展程序"，是对应选中"样式"面板中的哪一个边线复选框？（　）

A. 边线。

B. 轮廓线。

C. 出头。

D. 短横。

8.开启组件编辑中的"隐藏"功能，对类似组件有什么作用？（　）

A. 进入组件中就会隐藏其他模型。

B. 进入组件中就会隐藏其他组件的模型。

C. 进入组件中就会隐藏这个组件复制出来的类似组件模型。

D. 进入组件中就会隐藏所有群组模型。

9. "沙箱"工具经常用来做什么模型？（　　）

A. 适合制作地形、山地等模型。

B. 适合制作工厂模型。

C. 适合制作别墅模型。

D. 适合制作工业制品模型。

10. 要将制作好的别墅模型放在不平的山地模型上，该使用什么工具？（　　）

A. 使用"沙盒"工具栏中的"曲面平整"工具。

B. 使用"沙盒"工具栏中的"曲面投射"工具。

C. 使用"沙盒"工具栏中的"曲面起伏"工具。

D. 使根据等高线创建。

11. "实体"工具因为要操作实体，经常不能满足实际要求，遇到这种情况，需要执行哪个命令来弥补？（　　）

A. 模型交错。

B. 转实体。

C. 实体检测。

12. SketchUp 如何安装独立插件？（　　）

A. 执行"窗口"→"扩展程序管理器"命令，在弹出的"扩展程序管理器"对话框中，单击"安装扩展程序"按钮。

B. 直接将插件文件拖至 SketchUp 界面中。

C. 双击运行插件。

D. 安装插件管理器。

13. 当发现坐标轴有锯齿现象时，该如何设置软件？（　　）

A. 执行"窗口"→"系统设置"命令，在弹出的对话框中进入 OpenGL 选项卡，将"多级采样消除锯齿"值调大。

B. 执行"窗口"→"系统设置"命令，在弹出的对话框中进入 OpenGL 选项卡，将"多级采样消除锯齿"值调小。

C. 无法调整。

14. 在 SketchUp 中如何知道软件是在使用集成显卡，还是独立显卡？（　　）

A. 执行"窗口"→"系统设置"命令，在弹出的对话框中进入 OpenGL 选项卡，单击"图形卡与详细信息"按钮。

  B. 到计算机设备管理器中查看。

  C. 到显卡控制面板中查看。

  15. 如何设置 SketchUp 文件自动保存的时间间隔？（ ）

  A. 执行"窗口"→"系统设置"命令，在弹出的对话框中进入"常规"选项卡，修改"自动保存"的时间间隔。

  B. 无法更改自动保存的时间间隔。

  16. 如何开启十字准线来绘图，如图 5-19 所示？（ ）

  A. 执行"窗口"→"系统设置"命令，在弹出的对话框中进入"绘图"选项卡，选中"显示十字准线"复选框。

  B. 显示问题，不是每台计算机都可以显示。

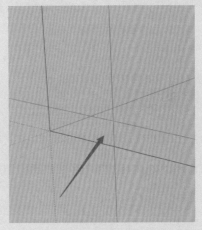

图5-19

5.8.2 多选题

  1."撤销"命令的快捷键是？（ ）

  A.Ctrl+Z。

  B.Ctrl+B。

  C.Ctrl+Y。

  D.Alt+Backspace。

  2. 如何隐藏模型？（ ）

  A. 选中模型，执行"编辑"→"隐藏"命令。

  B. 为"隐藏"命令设置快捷键，选中模型按快捷键即可。

  C. 选中模型并右击，在弹出的快捷菜单中选择"模型信息"选项，并在默认面板中单击"显示／隐藏"按钮。

  D. 在"标记"面板中将标记隐藏，这样整个模型会被隐藏。

3. 在"视图"菜单中，"隐藏物体"和"隐藏的对象"命令有什么区别？（　　）

A."隐藏物体"命令针对没有成组的模型。

B."隐藏的对象"命令针对成组的模型。

C.执行"隐藏物体"和"隐藏的对象"命令，将隐藏的模型以网格虚线的形式显示出来。

D.执行"隐藏物体"和"隐藏的对象"命令，显示出来的网格虚线都是不可以删除的。

4. 修改一个模型，有时很多模型被遮挡、干扰，如何把其他的模型隐藏，等修改好后再显示出来？（　　）

A.先按快捷键 Ctrl+A 全选，然后减选需要显示的模型，按快捷键隐藏，这样就剩下需要修改的模型了，待修改好，再按快捷键显示。

B.将需要显示的模型成组，然后到"组件编辑"中隐藏剩余模型，进入群组中，外面的模型就会自动隐藏起来，退出组又会显示出来。

C.可以将模型单独放在不同的标记中，不需要显示的标记可以隐藏。

D.可以直接框选不需要的模型并隐藏，待修改完成后一起显示出来。

5.SketchUp 中包含哪几种相机视图显示方式？（　　）

A.平行投影。

B.透视显示。

C.两点透视显示图。

D.二维显示图。

6."实体"工具也称"布尔运算"工具，在使用时需要注意哪几点？（　　）

A.模型对象是否都创建组。

B.模型对象是否为实体。

C.是否提前保存了文件。

D.计算机的配置是否足够高。

7. 在 SketchUp 常规系统设置中，选中"自动检查模型问题"和"修复"复选框，会遇到哪些问题？（　　）

A.软件会卡顿。

B.软件会重启。

C.保存好的模型打不开。

D.保存的文件尺寸会非常大。

第6章
经典辅助类插件

本章讲解 13 个辅助类插件，包括标注、推拉、曲线曲面绘制、纹理贴图、模型各种变形等。

6.1 尺寸标注工具——Dimension Tools

"尺寸标注工具"的英文名称为 Dimension Tools，如图6-1所示，是"尺寸标注工具"的工具栏，其中包含各种关于标注的工具，共有 11 种。

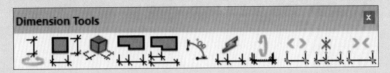

图6-1

6.1.1 新建尺寸标注

单击"新建尺寸标注"按钮 ，先后单击两个位置确定标注的直线长度，这里有可能单击一个位置后自动提取了整条线的长度，查看是否有蓝色线提示，然后再单击一个位置作为这个标注的拉出长度，这里也可以手动输入数值并按 Enter 键，之后就会出现一个量角器，单击确定一个方向位置即可。

6.1.2 按面尺寸标注

单击"按面尺寸标注"按钮 ，会提示选择一个面，注意这里是会穿透组层级的，单击面后会弹出对话框，选择尺寸标注的方向是法线还是平面，法线指的是正面方向，平面是垂直法线的，它们都是平面方向，单击"好"按钮后，移动鼠标指针确定标注的长度或者输入长度后单击，结束操作。

6.1.3 边界尺寸标注

单击"边界尺寸标注"按钮 ，先选择标注的对象，不仅是一个面，也可以是整个标注模型。选择模型，然后单击一点确定长度，结束操作。

6.1.4　连续尺寸标注

　　单击"连续尺寸标注"按钮🖼️，然后选择一个标注，接下来的标注都会和该标注对齐，选择端点，一直连续选，就会连续标注并与原来的标注对齐。

6.1.5　基点尺寸标注

　　单击"基点尺寸标注"按钮🖼️，然后选择一个标注，会弹出对话框，输入基点标注偏移值，即每个标注之间的距离，然后就开始捕捉点确定标注长度，这个和"连续尺寸标注"类似，就有一个距离。

6.1.6　角度尺寸标注

　　单击"角度尺寸标注"按钮🖼️，先后选择两条线确定角度，然后单击拖曳鼠标确定弧长，再单击一点确定注释文本的距离，最后会出现一个圆弧和一个文本标注。

6.1.7　自动尺寸标注

　　单击"自动尺寸标注"按钮🖼️，先后单击两个位置确定标注的直线长度，然后单击一点作为这个标注的拉出长度，这里也可以手动输入并按 Enter 键确认，会出现一个量角器，单击一点确定方向和位置，接下来可以一直单击量角器的位置，会一直出现不同角度的标注，不会退出命令，要结束命令时按空格键。

6.1.8　旋转尺寸标注

　　单击"旋转尺寸标注"按钮🖼️，选择一个尺寸标注，然后会出现一个量角器，单击确定尺寸标注的角度，也可以输入角度并按 Enter 键确定，按空格键退出。这个命令就是把尺寸标注旋转一定的角度。

6.1.9　修剪延伸标注

　　单击"修剪延伸标注"按钮🖼️，选择一个标注并确定新的尺寸端点，即修改原来的尺寸标注边界，该工具是可以连续修改的，一次没有确定可以继续单击，按空格键可以退出操作。

6.1.10　分割尺寸标注

　　单击"分割尺寸标注"按钮🖼️，选择一个尺寸标注，然后单击一点确定距离或者手动输入距离值，单击时会有绿色的提示线。该工具不可以连续分割，分割一次命令结束。

6.1.11　合并尺寸标注

单击"合并尺寸标注"按钮，选择两个相邻的尺寸标注就会合并到一起，不相邻的尺寸无效。

6.2　联合推拉——Fredo6_JointPushPull

"联合推拉"插件的英文名称为Fredo6_JointPushPull，如图6-2所示是"联合推拉"的工具栏，其中包括各种关于推拉工具，共7种。

该插件解决了SketchUp致命的问题之一，即核心的推拉功能不够强大，SketchUp自带的推拉的命令遇到曲面就无法推拉，这个插件完美地解决了该问题，并延伸出许多类型的推拉功能。

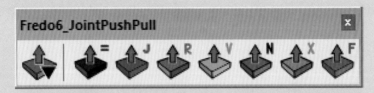

图6-2

6.2.1　打开工具栏列表

单击"打开工具栏列表"按钮，会弹出JointPushPull面板，如图6-3所示，可以设置每个工具的参数，但基本无须修改。其主要控件是"显示/隐藏"按钮，可以控制工具栏中的图标是否显示，设置好后重启SketchUp即可生效。

图6-3

6.2.2　Thickener（加厚推拉）

Thickener（加厚推拉），没有什么复杂的设置，就是简单的推拉操作。

单击Thickener(加厚推拉)按钮，将鼠标指针放在需要推拉的面上单击，并拖至需要的位置单击，然后单击绘图区空白的地方，或者按Enter键确定，这样就可以推拉软件自带的命令不能推拉的面了。

例如画一个圆，推拉成圆柱，这个圆柱的侧面不可以用自带的命令推拉，但是这个"加厚推拉"工具就可以，整个"联合推拉"的推拉功能都可以。

6.2.3 联合推拉

单击"联合推拉"按钮🔧，在绘图区左上角会出现"联合推拉"功能菜单栏，如图6-4所示，该菜单栏分成多个功能区，并用蓝色线分隔。

图6-4

单击"联合推拉参数设置"🔽按钮，会弹出"缺省参数：：JointPushPull"对话框，如图6-5所示，一般不需要更改设置。

图6-5

单击"菜单栏位置展开"的上半部分，可以展开功能菜单栏，单击图标的下半部分，可以控制功能菜单栏放置的位置。"面域选择集"控件如图6-6所示。先选中一个面，然后单击"联合推拉"按钮，此时"清除所选"按钮可用，功能就是取消选择的面，单击后就不能再单击了，如果想恢复就按空格键退出命令，再选一次。

面域选择集

图6-6

SketchUp 2022草图绘制标准教程

单击"面对我的面"按钮 ，推拉时会识别虚线网格。做一个曲面，然后开启隐藏物体并把虚线显示出来，执行"联合推拉"命令，单击"面对我的面"按钮 ，然后将鼠标指针放在曲面上，会看到可以识别虚线的分割面，可以推拉三角面。

单击"表面"按钮 不识别虚线网格，与单击"面对我的面"按钮效果相反。

单击"所有关联面"按钮 ，直接将所有相连的面都推拉一次。

单击"所有相连，相同材质的面"按钮 ，将鼠标指针放在面上，会直接选中和该面相同材质的面，但是面与面要相连。

"偏移"控件如图6-7所示，其实是指推拉的距离，这里不用设置，推拉时直接按数字键并按Enter键即可。

"结果"控件如图6-8所示，这里有两个按钮——"删除原始面"和"加厚推拉"。单击"删除原始面"按钮原来被推拉的面会被删除；单击"加厚推拉"按钮的效果和按住 Ctrl 键执行 SketchUp 自带的"推拉"命令效果相同。

图6-7   图6-8

如图 6-9 所示的控件用来设置推拉平面方向，单击 NO 按钮可用任意推拉方向，X、Y、Z 方向都是可以的，如果单击 X、Y、Z 单一属性按钮，就只能向单一方向推拉。

Local 按钮的功能就是识别推拉的面只能按组件坐标推拉，例如更改了组件的坐标轴，使组件 Z 坐标轴和世界 Z 坐标轴不同，开启 Local 推拉，只按 Z 轴单一属性推拉，现在推拉就会发现沿着的 Z 轴方向就是组件的 Z 轴方向，原因就是单击开启了 Local 按钮。

Custom 还有后面的"?"按钮，都是可以单击的，当单击开启 Custom 按钮后，NO、X、Y、Z 按钮就会不可用。单击"?"按钮后选取一个面，会自动开启 Custom 按钮，然后调整推拉的方向，即在单击"?"按钮后选取的面垂直的方向上。

"造型"控件如图 6-10 所示，用于控制推出来的面的形状，相当于缩放面，这里设置的角度可以是正值，也可以是负值，单击 按钮即可切换正负角度，单击"关闭"按钮 可以恢复正常造型。

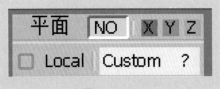

图6-9   图6-10

"边界"控件（如图 6-11 所示）下方的下拉列表中包含"轮廓线""网格""无"3 个选项。选择"轮廓线"选项就是常规的推拉效果；选择"网格"选项推拉出来的内部图形都是有面的，如图 6-12 所示，

如果面特别大，会导致计算机非常卡顿；选择"无"选项，推拉出来的就是一个面片。

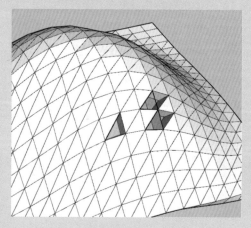

图6-11

图6-12

"杂项"控件如图 6-13 所示，其中包含两个按钮。 按钮用于控制推拉出来的面是不是一个群组；按钮用于控制推拉出来的面是否受外部相邻面影响边界方向。

如图 6-14 所示，这 3 个功能按钮分别是"生成""撤销""退出"。一般的操作流程：单击按钮后设置参数，将鼠标指针放在需要推拉的面上，会有预选，然后单击并拖动鼠标，再单击合适的位置即可，也可以输入数值并按 Enter 键；如果要退出命令，将鼠标指针放在绘图区空白的地方单击或者按空格键。

图6-13

图6-14

6.2.4　倒角推拉

单击"倒角推拉"按钮 ，在绘图区左上角会出现功能菜单栏，如图 6-15 所示。这个"倒角推拉"的造型是固定的，不可以更改倒角的布线规律。"倒角推拉"和"联合推拉"的不同点在于"段数"和"接合角度"。

图6-15

"段数"用来控制推拉出来的倒角的光滑程度，段数越多越光滑。

"接合角度"用来控制倒角面接合角度的最小值。

6.2.5　矢量推拉

单击"矢量推拉"按钮 ，在绘图区左上角会出现功能菜单栏，如图 6-16 所示，"矢量推拉"不同于其他推拉功能，特点是可以沿任意角度推拉。

图6-16

"矢量推拉"的功能菜单栏的特点在于"杂项"，左边的按钮和"联合推拉"一样，推拉出来的是群组，单击 按钮，将面的投影推拉出去，可以推拉出一个曲面。

6.2.6　法线推拉

单击"法线推拉"按钮 ，在绘图区左上角会出现功能菜单栏，如图 6-17 所示。"法线推拉"就是使面沿着法线方向推拉，例如选中一个半球并推拉，半球上的面就会各自沿着法线推拉。

图6-17

"法线推拉"不同于其他的推拉，多了"锥化""随机"和"杂项"。"锥化"和"造型"的效果基本相同，就不重复了。

"随机"功能是指推拉的结果有长有短，有厚有薄，截面也大小不同，就是随机出现的。这里需要注意，设置好参数后要单击"随机"上面的按钮才有效，属于开关按钮，如图 6-18 和图 6-19 所示。

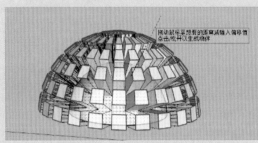

图6-18

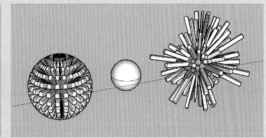

图6-19

开启"杂项"中的"生成伪四边面时保持三角形拼接"按钮 后，伪四边面就不会变成三角面被推拉出来，如果没有开启，这个伪四边面就会变成三角面被推拉出去，如图 6-20 所示。

图6-20

6.2.7 投影推拉

单击"投影推拉"按钮⬇️，在绘图区左上角会出现功能菜单栏，如图 6-21 所示。"投影推拉"和"矢量推拉"类似，"矢量推拉"可以向任意角度推拉，"投影推拉"只能向 X、Y、Z 轴，还有自定义垂直面方向推拉。"矢量推拉"的杂项功能右侧的按钮叫作"投影到平面上"，而"投影推拉"在杂项右侧的按钮叫作"压平顶面"，但操作的结果其实是很像的，特殊的模型也有所不同。

图6-21

6.2.8 跟随推拉

单击"跟随推拉"按钮⬆️，在绘图区左上角会出现功能菜单栏，如图 6-22 所示。"跟随推拉"和"联合推拉"类似，就是"联合推拉"的功能简化版，具体功能介绍可以参照"联合推拉"的讲解，这里就不再赘述了。

图6-22

6.3 曲线放样——Fredo Curviloft

"曲线放样"插件的英文名称叫作 Fredo Curviloft，"曲线放样"工具栏如图 6-23 所示，其中包括了"曲线放样"——Fredo Loft by Spline、"路径放样"——Fredo Loft along path、"轮廓放样"——Fredo Skin Contours 3 个功能按钮。

图6-23

6.3.1 曲线放样——Fredo Loft by Spline

"曲线放样" 就是把一条线放样过渡到下一条线，同时支持多条线连续放样，线闭合或不闭合都可以。

例如，先准备两条不同维度的线，简单的直线还是复杂的曲线都可以。单击"曲线放样"按钮，再分别单击这两条线，线被选中会出现数字序号，在最后单击的线上会有一个"勾"和"箭头"图标，如图 6-24 所示，单击√按钮，再单击绘图区的空白区域确定生成。它会让线段 1 放样到线段 2，这里要注意单击的顺序，如果有很多条线，它就会按照线上的数字排序放样，如果不小心单击到其他线，可以按 Esc 键退回上一步。

再如，如图 6-25 所示，下面是一个矩形，上面是一个圆形，注意这里的矩形和圆形，或者其他形状的线不能是分段的，要是一个整体，如果有必要可以焊接，效果为依次过渡的形状。

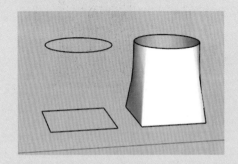

图6-24   图6-25

选好线后，单击√按钮，在绘图区左上角会出现功能菜单栏，如图 6-26 所示，这个菜单栏左侧是菜单栏位置及展开功能按钮，右侧是 Spline（样条）曲线函数方法，下面有不同的计算方法，单击即可预览。

图6-26

调整"简化"值，变化非常小，这里要单击"简化"按钮启动，并调整下面的值。

"段数"和"插值"都是指模型的横纵 UV 线，即结构线，这个很重要，查看模型调整需要的数值。

"VX 匹配"用于控制的 UV 结构线的位置，单击可以预览线的位置；"几何体"用于生成 UV 结构线，没有面，如果只是需要其中的线，可以用这个控件来提取。

"生成""撤销"和"退出"，这 3 个按钮一般不使用，一般操作是单击线上的"勾"按钮，然后单击绘图区空白位置确定生成，再单击结束操作，中间选错线就按 Esc 键返回上一步。

除了绘图出现的功能菜单栏，还可以在单击"勾"按钮后，单击黑色的预览模型，弹出"预览及参数设置面板"，如图 6-27 所示，该面板的参数大部分和功能菜单栏相同，就是没有右侧红色和蓝色的按钮，以红轴或蓝轴扭转模型，设置度数控制大小。

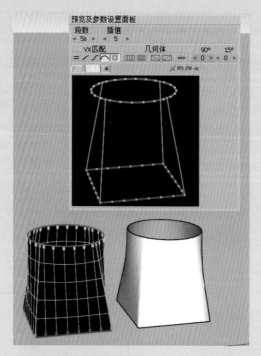

图6-27

6.3.2 路径放样——Fredo Loft along path

"路径放样" 不同于"曲线放样",它是不支持两条没有相交的线直接放样的,例如两条平行直线之间就不能形成面。

例如,如图 6-28 所示,画一个矩形和一个圆形,中间用线连接。执行"路径放样"命令,先单击中间连接的线,然后单击"箭头"按钮 ,再单击矩形和圆,单击"勾"按钮 ,再单击绘图区的空白区域就完成操作了,再单击退出命令。

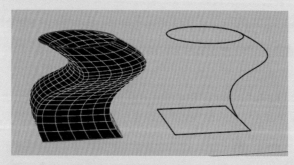

图6-28

再如,如图 6-29 所示,将上面的圆形删除,留下矩形和曲线,单击曲线,再单击"箭头"按钮,单击矩形,单击√按钮,单击两次绘图区空白处结束,这里生成的都是矩形。

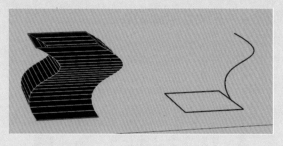

图6-29

在选好线后，单击√按钮，在绘图区左上角会出现功能菜单栏，如图6-30所示。这个和"曲线放样"的菜单栏类似，这里就不再赘述了。"采样"和"段数"都是指 UV 结构线。

"模式"控件 有 3 个按钮，是 3 种不同的计算方法，选择其中一种会出现预览，这个对造型影响很大，需要仔细设置。

图6-30

6.3.3　轮廓放样——Fredo Skin Contours

"轮廓放样" 就相当于封面，不可以有断开的地方，要构成闭合的造型轮廓线。

例如，上面是一个圆形，下面是一个矩形，中间有 4 条线，其实 3 条线也可以，直接选中所有的线，单击"轮廓放样"按钮，就出现了预览效果，再单击绘图区空白的位置即可。

"功能菜单栏"和"预览及参数设置面板"如图 6-31 和图 6-32 所示，和前面两个命令相同。

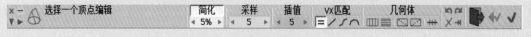

图6-31

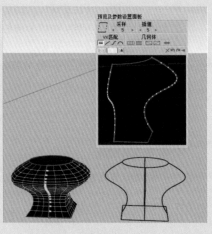

图6-32

6.4 自由比例变形——FredoScale

"自由比例变形"插件的英文名称为FredoScale，如图6-33所示，是"自由比例变形"工具栏，其中包括缩放、拉伸、扭曲等14种工具。

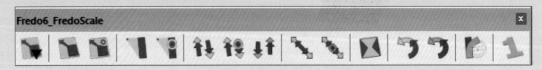

图6-33

6.4.1 打开工具列表

单击"打开工具列表"按钮 🔧，弹出工具列表，如图6-34所示。这是设置每个工具参数的地方，不过基本不用修改，主要是后面的"显示/隐藏功能"按钮 👁，可以控制工具栏中的图标是否隐藏，设置好后重启SketchUp即可。

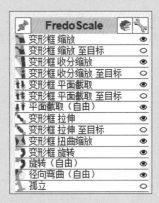

图6-34

6.4.2 变形框缩放

"变形框缩放" 🔧功能可以依据模型的形状，调整变形框的形状。例如制作一个立方体，将它旋转一定的角度，然后选择立方体使用自带的命令缩放，就会发现缩放的边框不是沿着模型边的，这会让模型的缩放变得很抽象，不能随意控制模型沿着边缩放。但使用这个插件就可以，其不会依据这个模型的位置形成变形框，而是依据模型本身来形成变形框，而且还可以任意更改变形框的形状，例如出现变形框后，再单击线，那么这个变形框就会依据这个线发生位置改变，这就是"变形框缩放"不同于软件自带的"缩放"命令的特点。

6.4.3 变形框缩放至目标

"变形框缩放至目标" 🔧命令和变形框缩放基本相同，就是缩放时单击上面的方块后，单击拖动并不会带动缩放，要在单击方块后再单击缩放参考起始点，然后单击拖动会跟随变形，再单击一个目标点结束操作。

6.4.4　变形框收分缩放

"变形框收分缩放" 以变形框的一个线框对模型进行拉伸缩放。

6.4.5　变形框收分缩放至目标

"变形框收分缩放至目标" 和"变形框收分缩放"类似，缩放时单击上面的方块后，单击拖动并不会缩放，要在单击方块后再单击定义缩放参考起始点，然后单击拖动会跟随变形，再单击目标点结束操作。

6.4.6　变形框平面截取

"变形框平面截取" 就是单击变形框上的方块，然后自动截取变形框的一个面，沿着框的平行方向拖动变形。

6.4.7　变形框平面截取至目标

"变形框平面截取至目标" 和"变形框平面截取"类似，就是在缩放时，单击上面的方块后拖动并不会缩放，要在单击方块后再单击确定缩放参考起始点，然后单击拖动会跟随变形，再单击目标点结束操作。

6.4.8　平面自由截取

"平面自由截取" 截取模型上面的面进行变形。单击该工具按钮，然后单击模型，鼠标指针会变成量角器，在面上单击两个点作为参考方向，然后单击一点确定目标点，开始旋转变形。

6.4.9　变形框拉伸

"变形框拉伸"工具 用于整个模型的局部缩放。

选择模型单击"变形框拉伸"工具按钮 ，这里出现的点比较少，没有其他命令出现的点多，将鼠标指针放在方块上，就会看到模型中间红色的虚线截面，也可以单击截面并拖动，移动截面位置。

单击其中的方块并拖动，此时就会发现缩放的只是一侧，并且以红色的虚线截面作为分界，在拉动后，还可以单击红色虚线截面移动位置，如图 6-35 所示。

在缩放时按住 Ctrl 键就会发现，红色的虚线截面会出现两个，如果没有，就单击红色的虚线截面并移动，就会知道默认的状态下，这两个截面在一起，处于中间的位置。此时再单击方块并拖动，就会发现两边都会缩放，这两个红色虚线截面中间的部分不会有变化，如果两个截面是处于同一个中间位置，那就不存在不变化的部分，如图 6-36 所示。

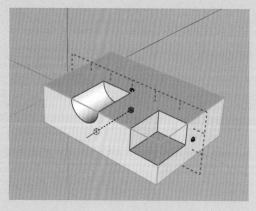
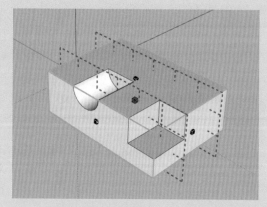

图6-35   图6-36

6.4.10　变形框拉伸至目标

　　"变形框拉伸至目标" ![icon] 和"变形框拉伸"类似，就是在缩放时，单击上面的方块后进行拖动并不会进行缩放，要在单击方块后再单击定义一个缩放参考起始点，然后拖动鼠标会跟着变形，再单击一个目标点结束操作。

6.4.11　变形框扭曲缩放

　　"变形框扭曲缩放" ![icon] 可以让模型扭曲，并且控制扭曲的切片数。

　　"变形框扭曲缩放"操作很简单，但要注意切片数。例如，画一个矩形，推拉一定距离，然后加厚推拉两次相同的距离，如图6-37所示，选中模型，单击"变形框扭曲缩放" ![icon] ，再单击上方的方块，会看到很多橙黄色短线，按Tab键会弹出"变形框扭曲缩放－切片参数"对话框，如图6-38所示。"切片数"只设置第一个切片的数量即可，这里改成3，单击"好"按钮，此时会发现黄色短线变成了4条，如图6-37所示。注意这个操作是逐一对应的，然后就开始扭曲，单击确定方向，再输入扭曲的角度即可，最终效果如图6-39所示。

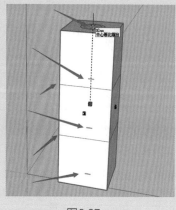

图6-37   图6-38

SketchUp 2022草图绘制标准教程

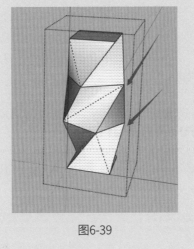

图6-39

6.4.12 变形框旋转

"变形框旋转" 📐 相比于"变形框缩放"增加了旋转模型的方式，选中模型单击"变形框旋转"工具按钮 📐 ，就像软件自带的"旋转"命令，只不过可以单击小方块旋转。

6.4.13 变形框自由旋转

"变形框自由旋转" 📐 也是对模型进行旋转。直接选中模型单击"变形框自由旋转"工具按钮 📐 ，将鼠标指针放在面上单击两个点确定 0° 方向，然后单击起始旋转点。

6.4.14 径向自由弯曲

"径向自由弯曲" 📐 可以将模型弯曲，操作非常简单，但要注意切片数，如图 6-40 所示。

选中模型，单击"径向自由弯曲"工具按钮 📐 ，然后按 Tab 键，会弹出"径向弯曲（自由）-切片参数"对话框，如图 6-41 所示。确定切片数，和"变形框扭曲缩放"相同，只设置第一个参数切片数量，其他的不用设置，然后单击两个点确定原点平面指定轴，然后开始弯曲，再单击起始弯曲点，拖曳鼠标再单击弯曲终点，这里也可以输入角度值按 Enter 键确定。

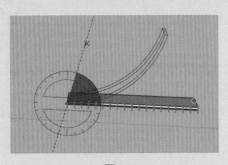

图6-40

图6-41

6.4.15　孤立对象

"孤立对象"工具 很简单,如果群组和组件之间可能存在关联,这个工具可以解除关联,选中模型单击"孤立对象"工具按钮 即可。

6.5　曲面绘图——Toos on Surface

"曲面绘图"插件的英文名称为 Toos on Surface,如图 6-42 所示,是"曲面绘图"工具栏,包括在曲面上绘制直线、圆形、多边形等 13 种功能。

图6-42

6.5.1　一般表面工具

单击"一般表面工具"按钮 ,会看到左侧出现很多按钮,如图 6-43 所示,左上角还有一个功能菜单栏。只要单击左侧的按钮,上面的菜单栏就会随之发生改变。

6.5.2　表面直线

单击"表面直线"按钮 ,会出现功能菜单栏,如图 6-44 所示,然后可以直接在曲面上画直线,这里要注意不要在组外画线,该工具是不支持穿透组层级的。

图6-44

如图 6-45 所示,这里有 6 个按钮,是通用的,单击"普通线,构造线" 按钮,如果是构造线则不能形成面,普通线才可以单独形成面;单击"构造点开关"按钮 可以在线的顶点生成构造点;单击 按钮控制画的线是否生成组;单击 按钮控制在绘制时是否出现量角器; 按钮是生成面的开关;单击 按钮用来切换画出来的是曲线还是边线,可以到"模型信息"中查看绘制的是什么线。

图6-45

图6-43

6.5.3　表面矩形

　　"表面矩形" 🔲用于在曲面上画矩形，单击"表面矩形"按钮🔲后，在上方出现多种画矩形的方法按钮，如图 6-46 所示，可以选择合适的方法。

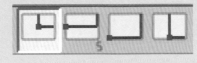

图6-46

6.5.4　表面圆形

　　"表面圆形" ⭕用于在曲面上画圆，单击"表面圆形"按钮⭕后，在上方出现两个按钮，如图 6-47 所示，🔲 按钮用于设置选直径还是半径方式画圆，⃰ 按钮用于设置圆的段数。

图6-47

6.5.5　表面多边形

　　"表面多边形" ⬡和"表面圆形"类似，只是默认的段数不同，多边形段数比较少，圆形段数比较多，其他相同。

6.5.6　表面椭圆形

　　"表面椭圆形" ⬭就是在曲面上画椭圆形，单击"表面椭圆形"⬭按钮后，在上方功能菜单中出现 4 种绘制椭圆的方法按钮，如图 6-48 所示，选择一种适合的方法绘制即可，后面还有一个段数控件，椭圆形的段数也是比较多的。

图6-48

6.5.7　表面平行四边形

　　"表面平行四边形" ▱和其他多边形类似，平行四边形也有多种不同的画法，如图 6-49 所示，其他按钮和"表面直线"相同，只是没有段数设置。

图6-49

6.5.8　表面圆弧

"表面圆弧"和 SketchUp 自带的"圆弧"工具的操作方法相同,单击两点后确定凸起的位置。

6.5.9　三点画圆

"三点画圆"用于单击三点画圆,与 SketchUp 自带的画圆操作相同,只是这个可以在曲面上绘制。

6.5.10　表面扇形

"表面扇形"类似 SketchUp 自带的"扇形"命令,只不过可以在曲面上绘制。单击"表面扇形"按钮后,在菜单栏中出现"顺时针绘制"按钮 ,单击开启后可以顺时针绘制扇形。

6.5.11　表面偏移

"表面偏移" 与 SketchUp 中的"偏移"命令相同,功能菜单栏中的图标,如图 6-50 所示。

图6-50

※　"只限外部轮廓线忽略洞" ：单击开启该按钮,偏移时就会默认识别面的外侧轮廓线,并进行偏移。

※　"同时内部和外部的轮廓线" ：单击开启该按钮,内外都同时识别并进行偏移。

※　"只限内部轮廓线(只限洞)" ：单击开启该按钮,偏移时就会默认识别面的内侧轮廓线并进行偏移。

※　"简化轮廓线" ：未单击开启该按钮,遇到复杂的轮廓偏移线就会出问题。

※　"视为独立轮廓线" ：单击开启该按钮,偏移出来的线不会紧贴曲面,也不会单独成面。

6.5.12　表面徒手绘制

"表面徒手绘制"🖉和 SketchUp 自带的命令手绘线基本相同。单击该按钮，在功能菜单栏中有一个"指定点取模式"按钮 N，开启时在曲面单击多个点之间形成直线，按 Esc 键就会退到上一次绘制的点线，双击结束绘制。不开启的操作方法是在曲面上按住鼠标并拖动，经过的地方都会形成线。

6.5.13　编辑表面轮廓线

单击"编辑表面轮廓线"按钮🖉，鼠标指针经过这个曲面绘图工具插件画的线时，会被选中并变成蓝色。

6.5.14　表面删除

"表面删除"🖉就像 SketchUp 中的"橡皮擦"工具，单击"表面删除"按钮🖉，擦除用这个曲面绘图插件画的线，不会影响其他线，而且不用担心会破面，但直接选中线删除会破面。

6.6　贝兹曲线——Bezier Spline

"贝兹曲线"插件的英文名称为 Bezier Spline，如图 6-51 所示，是"贝兹曲线"工具栏，包括"经典贝兹曲线""倒角样条曲线""螺旋曲线"等 18 种工具。

图6-51

6.6.1　经典贝兹曲线

"经典贝兹曲线"🖉是最常用的画线方法。

单击"经典贝兹曲线"按钮🖉，鼠标指针上会有黑色方块，然后单击两点，作为曲线方向上的起点和终点。然后从左至右添加控制点，建议从左至右添加，随着添加控制点的位置，直线也慢慢变形，觉得线变形得差不多了，再双击一个位置，现在就进入曲线编辑的状态了，此时会看到曲线是蓝色的，而控制点之间连成的线是黄色的，单击控制点或者拖动黄色线，可以控制曲线的位置和形状，也可以双击黄色线，在双击的位置会增加控制点，单击其他地方完成操作。

在单击"经典贝兹曲线"按钮🖉后，右下角出现控制点数和段数的控件，控制点数量指可以有几个控制点，如果设置的控制点数少，完成后就退出，一般不用修改。段数指曲线的光滑度，数值越大曲线越光滑。

6.6.2 多段线

　　"多段线" ∿ 命令类似"直线"命令，画完后可以对线进行变形，而且是一个整体。单击"多段线"按钮 ∿ 后可以像画直线一样不停地单击画线，到结束位置双击。这里也可以添加控制点，控制点在直线上，将鼠标指针放在直线上双击就会出现控制点，单击按住控制点就可以拖动，单击空白处退出命令。

6.6.3 间距划分多段线

　　"间距划分多段线" ∿ 和"多段线"工具类似，都是画直线的，可以添加控制点并拖动控制直线，只是"间距划分多段线"工具可以为控制点添加间距范围。

　　单击"间距划分多段线"按钮 ∿ 会弹出对话框，如图 6-52 所示，选择一种变化的模式，然后设置控制点的"最小步长"和"最大步长"，在画的图中也可以看到点，如果觉得不合适，按 Tab 键可以再把对话框调出来，更改后再重新绘制。

图6-52

6.6.4 圆角多段线

　　使用"圆角多段线"工具 ∿ 绘制的多段线，在转角处是带有圆角的。

　　单击"圆角多段线"工具按钮 ∿ ，弹出如图 6-53 所示的对话框，输入"偏移"值，就可以开始画线了。与多段线的操作类似，不同点就是绘制的图形带圆角，添加控制点到拐角处也有圆角效果。

图6-53

6.6.5 均匀 B 样条曲线

　　"均匀 B 样条曲线" ∫ 的画法比较简单。单击"均匀 B 样条曲线"按钮 ∫ ，在弹出的对话框中设置阶数，默认值为 0，设置为"自动"也可以，接下来按顺序单击即可，在最后一个位置双击，进入和之前的命令相同的编辑状态。

6.6.6 细分样条曲线

"细分样条曲线" ⌒ 命令和"均匀 B 样条曲线"相似，只是绘制时曲线相对于画出的直线的内外的区别。

6.6.7 倒角样条曲线

"倒角样条曲线" ◯ 就是倒直角的多段线，单击"倒角样条曲线"工具按钮 ◯，弹出如图 6-54 所示的对话框，输入"偏移"值，单击"好"按钮开始画线，和圆角多段线的用法相同。

图6-54

6.6.8 螺旋曲线

"螺旋曲线"工具 ◎ 用于画弧形曲线，单击"螺旋曲线"工具按钮 ◎，再单击三点确定一段弧线的大小，然后再单击一个位置确定新的圆弧。

6.6.9 三元贝兹曲线

"三元贝兹曲线" ⌒ 工具和"细分样条曲线"工具类似，只是细分样条曲线要在开始时输入阶数，三元贝兹曲线没有这个设置，可以直接绘制。

6.6.10 等距划分多段线

"等距划分多段线"工具 ⋀ 和"间距划分多段线"工具类似，"间距划分多段线"工具要控制点间距的最小值和最大值，"等距划分多段线"工具会统一间距。单击"等距划分多段线"工具按钮 ⋀，弹出如图 6-55 所示的对话框，操作相似，在此不再赘述。

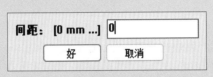

图6-55

6.6.11　狗骨式角线

　　"狗骨式角线" 🔧工具和"圆角倒角样条曲线"工具的操作方法相同，只是狗骨式角多段线的拐角样式不同，像骨头。单击"狗骨式角线"工具按钮 🔧，会弹出"狗骨式角线参数"对话框，如图 6-56 所示，输入"半径"值，单击"好"按钮就可以开始绘制了。

图6-56

6.6.12　T 骨式角线

　　"T 骨式角线"工具 🔧和"狗骨式角线"工具类似，只是拐角处的造型不同。单击"T 骨式角线"工具按钮 🔧会弹出"T 骨式角线参数"对话框，如图 6-57 所示，输入"半径"值，单击"好"按钮就可以开始绘制了。

图6-57

6.6.13　F 样条曲线

　　"F 样条曲线"工具 🔧和"细分样条曲线""B 样条曲线"工具类似，但要注意 3 种工具之间的区别，"F 样条曲线"顺时针和逆时针不同的画法，画出来的曲线位置相对于单击出现的直线不同。操作方法很简单，只是控制点数量和段数。

6.6.14　编辑曲线

　　"编辑曲线"工具 🔧是使用"贝兹曲线"工具画线必须使用的功能——重新编辑线。当用"贝兹曲线"工具画完曲线后，又想更改，就选中线，单击"编辑曲线"工具按钮 🔧，重新进入编辑状态。

6.6.15　标记顶点

　　"标记顶点"工具 🔧用于控制线在编辑情况下是否显示控制点，选中线，单击"编辑曲线"工具按钮，再单击"标记顶点"工具按钮⬡显示控制点。

6.6.16 附加参数

单击"附加参数"工具按钮🔧和按 Tab 键的效果相同，就是弹出当前画的曲线的参数设置对话框，这个依然要在"曲线编辑"状态下才可用。

6.6.17 平滑封面曲线

"平滑封面曲线"工具◯也是必须在"曲线编辑"状态下使用的，选中线，单击"曲线编辑"工具按钮，再单击"平滑封面曲线"工具按钮◯，会将曲线的起始点和终点用平滑曲线连接起来。

6.6.18 直线封面曲线

"直线封面曲线"工具◁必须在"曲线编辑"下使用，选中线，单击"曲线编辑"工具按钮，再单击"直线封面曲线"工具按钮◁，就会将曲线的起始点和终点用直线连接起来。

6.7 FredoTools 中的纹理工具

"纹理"工具解决了 SketchUp 赋予材质的问题，例如在曲面上赋予材质，自带的材质工具需要开启"投影"功能才可以正确赋予贴图，非常麻烦，还有一些功能是自带的材质工具无法实现的。

单击"纹理"工具按钮🐾，绘图区会弹出功能菜单栏，如图 6-58 所示。单击"菜单栏位置"按钮，可以调整功能菜单栏的位置，并显示 / 隐藏信息区。

图6-58

单击"缺省参数"按钮✎，会弹出"缺省参数"对话框，一般不用修改设置。

在"材质有关操作"中，第一个按钮用于吸取材质，单击该按钮后鼠标指针变成吸管状态，单击绘图区的模型，会听到类似相机拍照的声音，现在就吸取了材质，再单击其他模型即可把材质赋予模型，就像软件自带的材质工具中的"吸管"工具。

也是吸管工具，只是它不仅吸取材质，还吸取了材质的 UV。

是默认材质，单击该按钮后，再单击模型上的面就会被替换成默认材质。

"UV 喷涂"中有 4 个功能按钮，分别是"四边网格 UV""自然 UV""投影 UV""转移 UV"。单击"四边网格 UV"按钮，适合为曲面添加材质；单击"自然 UV"按钮，适合为普

第6章 经典辅助类插件

通的平面赋予材质；单击"投影 UV"按钮，以投影的方式为模型赋予材质；单击"转移 UV"按钮，替换材质并保持原来的 UV 映射。例如单击"转移 UV"按钮，并到默认面板中选择材质 A，去替换模型上的材质 B，材质 A 会替换 B，并保持材质 B 的 UV 属性，B 材质的旋转、缩放、移动之类的属性，A 材质都会继承下来。

"面域"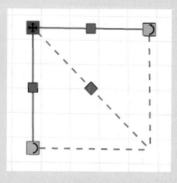和联合推拉的面域选择集是一样的，这里就不重复讲解了。

在使用"UV 喷涂"里面的"四边网格 UV""自然 UV"的时候，单击到有纹理材质的面，会出现有纹理位置控制器和纹理转换面板，注意纯色的材质是没有的。

"纹理控制器"如图 6-59 所示，使用鼠标左键按住纹理控制器上的方块，拖动方块会对纹理起到作用，单击按住蓝色方块移动可以移动纹理的位置，释放鼠标左键确定位置；单击按住红色或者绿色方块并拖动可以将纹理以横向缩放，释放鼠标左键确定操作；单击按住粉红色或者青色方块并拖动可以旋转纹理，释放鼠标左键确定旋转角度；单击按住洋红色方块并拖动，可以缩放纹理图像，释放鼠标左键完成操作。

图6-59

用"纹理"工具单击模型上材质时会出现"纹理转换"对话框，如图 6-60 所示，可以调整纹理的角度和大小，此处经常用的是"平铺"选项，即将材质铺在模型面上，要是使用完整的材质就单击 1*1 按钮，要是使用其他的设置单击 nU x mV 按钮，会弹出"平铺系数"对话框，如图 6-61 所示，直接输入平铺系数即可。

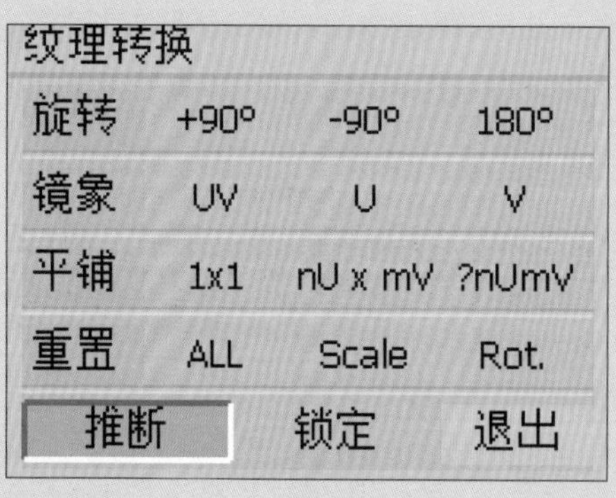

图6-60

图6-61

6.8 形体弯曲——Shape Bender

"形体弯曲"插件的英文名称为 Shape Bender，如图 6-62 所示为"形体弯曲"的工具按钮，该工具可以使模型按照曲线变形，也支持三维曲线。

图6-62

使用此工具需要注意如下几点。

※ 首先要准备需要变形的模型，这个模型必须是群组或者组件，至于组中的关系没有要求，其中可以是群组或组件，只是最外面必须是群组或组件。

※ 需要一条沿着红轴的直线，该直线最好与模型沿着红轴方向的长度相同，当然长度不同也可以。

※ 准备一条曲线，模型就是依照这个曲线变形的，还可以是三维曲线。

操作时，先选中准备好的模型，单击"形体弯曲"工具按钮，然后单击准备好的沿红轴的直线，最后单击准备好的曲线，即可生成模型预览，查看预览效果是否理想，可以按上、下方向键，以及Home、End 键来更改模型生成的形状，在绘图区左下角也有提示，如图 6-63 所示。确定没问题时按Enter 键生成。

形体弯曲：[Enter]=完成 [↑]/[Home]=切换曲线方向 [↓]/[End]=切换参考线方向

图6-63

6.9 真实弯曲——TrueBend

"真实弯曲"插件的英文名称为 TrueBend，如图 6-64 所示为"真实弯曲"工具的按钮，这个插件功能就是以中间为轴将模型掰弯。

图6-64

操作时选中需要弯曲的模型，必须是群组或组件，建议最好是组件。单击"真实弯曲"工具按钮，模型中间会出现红线，如图 6-65 所示，按住鼠标左键并拖动红线，可以使模型变形，这里可以手动拖至合适的角度，也可以任意拖动一个角度，然后输入角度按 Enter 键确定。

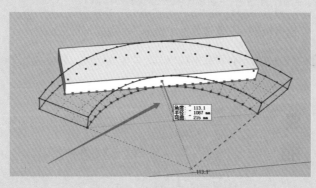

图6-65

注意：上面提到建议使用组件，这是因为组件可以更改坐标轴，而这个"真实弯曲"的红线位置其实是在模型组的坐标轴绿轴的反方向，所以想任意控制就要做成组件，更改组件坐标轴，确定绿轴位置即可。

6.10　顶点编辑器——Vertex Tools

"顶点编辑器"插件的英文名称为Vertex Tools,如图6-66所示是"顶点编辑器"工具按钮。单击"顶点编辑器"工具按钮后,绘图区内所有没有被选中的点都是蓝色的,可以单击选中点,点的颜色会发生变化,然后在点的位置出现点控制器,如图6-67所示。

图6-66

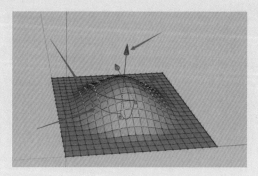

图6-67

"点控制器"非常重要,单击按住控制器的红、绿、蓝箭头并拖动,如图6-67所示红色箭头所指的是可以选中的点,并在 X、Y、Z 轴向上移动。

选择"顶点编辑器"点时,单击"顶点编辑器"工具按钮,会弹出顶点编辑器的功能工具栏,如图6-68所示,单击"选择"工具按钮,在选择工具下方就出现 6 个"选择方式"按钮,具体使用方法如下。

图6-68

"矩形选择" ▣：单击该按钮后,按住鼠标左键框选。

"圆形选择" ◯：单击该按钮后,按住鼠标左键拖动,以圆形的区域选择。

"多边形选择" ▽：单击该按钮后,单击几个点会连接成区域,区域内的点就会被选中。

"手绘选择" ◌：单击该按钮后,按住鼠标左键并拖动,在圈出的区域内的点都会被选中。

"线性衰减软选择" ╱：单击该按钮后,以线性衰减方式进行软选择。

"余弦衰减软选择" ∫：单击该按钮后,以余弦衰减方式进行软选择。

在顶点编辑器中,选择点并不是鼠标选中才算被选中,这个操作属于影响范围的选择,选择一个点,周围的点就会被影响而选中,那么这个影响的范围其实是由数值控制的。在运行"顶点编辑器"后,在右下角位置有设置软选择半径的控件,可以直接按数字键输入影响的范围半径值,点的颜色会发生变化,代表着影响力的大小。

选择需要移动的点,单击 按钮,然后单击起始点,移动鼠标指针再单击一点确定位置。

当需要旋转顶点编辑器时，选择需要旋转的点，单击 按钮，鼠标指针会变成量角器图标，单击一点，再单击一点确定旋转轴，然后单击拖动旋转后再单击一点确定一个位置，完成操作。

当需要缩放顶点编辑器点时，选择需要缩放的点，单击 按钮，单击两点，再单击缩放的结束位置，如果单击的第 3 个点和第 1 个点重合，那么选择的点都会缩放到第 1 个点的位置，如果单击的第 3 个点和第 2 个点重合，那么选择的点还是处于原来的位置并没有进行缩放。

当需要插入顶点时，单击 按钮，然后在面上单击一点。

顶点编辑器自动共面就是将选中的不同高度的点设置为同一高度。选中需要共面的点，单击 按钮即可。

合并点就是将选中的点合并到中心变成一个点。选中需要合并的点，单击 按钮即可。

6.11 生长阵列——Grow

"生长阵列"插件的英文名称为 Grow，如图 6-69 所示为"生长阵列"的工具按钮，"生长阵列"插件是按照设置的阵列数值进行阵列，建议阵列之前先计算和预想结果。

图6-69

不使用缩放阵列的情况下的操作流程如下。

选中模型，单击"生长阵列"工具按钮 ，然后单击选中阵列的基点，该点会影响阵列结果，此时弹出如图 6-70 所示的"生长阵列：参数（mm/度）"对话框。首先设置"副本数量"值，也就是总数量，然后设置 X、Y、Z 轴向的间距，还有 X、Y、Z 轴向的旋转角度，每次旋转的角度都是在旋转过的模型基础上再次旋转的，否则阵列对象就会重合到一起。最后选择是否"使用缩放"，选择 No 选项，单击"好"按钮，此时会弹出 Grow: Order Parameters 对话框，如图 6-71 所示，选择"操作顺序"，是先移动、旋转，还是先缩放，最后设置"旋转顺序"，这些设置都会影响最后的结果，单击"好"按钮完成操作。

图6-70

图6-71

使用缩放阵列的情况下的操作流程如下。

在出现"生长阵列:参数(mm/度)"对话框时,在"使用缩放?"下拉列表中选择 Yes 选项,再单击"好"按钮,会弹出如图 6-72 所示的 Grow: Scaling Parameters 对话框,其中提供了关于缩放的一些属性,这里不仅要设置模型的缩放、距离的缩放、缩放的比例,还有以什么类型进行缩放,并且每个轴都可以设置,设置完成后单击"好"按钮完成操作。

Grow: Scaling Parameters	✕
X 间距缩放:	1.0
X 间距缩放类型:	指数的 +
Y 间距缩放:	1.0
Y 间距缩放类型:	指数的 +
Z 间距缩放:	1.0
Z 间距缩放类型:	指数的 +
X 旋转缩放:	1.0
X 旋转缩放类型:	指数的 +
Y 旋转缩放:	1.0
Y 旋转缩放类型:	指数的 +
Z 旋转缩放:	1.0
Z 旋转缩放类型:	指数的 +
X 复制缩放:	1.0
X 复制缩放 类型:	指数的 +
Y 复制缩放:	1.0
Y 复制缩放 类型:	指数的 +
Z 复制缩放:	1.0
Z 复制缩放 类型:	指数的 +
好	取消

图6-72

6.12 曲面流动——Flowify

"曲面流动"插件的英文名称为 Flowify,如图 6-73 所示为"曲面流动"工具按钮,这个插件可以使模型群组或组件根据平面为参照,沿曲面产生自然的弯曲变形,以贴合曲面的模型。

图6-73

使用此插件需要准备如下模型。

※ 平面
※ 两条线
※ 曲面
※ 需要变形的模型

SketchUp 2022草图绘制标准教程

使用此插件必须满足的组之间的关系：一共 5 个群组——平面一组、线一组、曲面一组，平面、线、曲面这三个再整体为一个组，源模型一个组。如果组关系不对就会报错，而且这个不支持嵌套组关系，不要里面有多个模型，又有很多组，最外面结一个组，认为就可以了。

进行变形操作时，中间的两条线可以是任意角度的，不一定为垂直关系。模型的面不要有破损，这个一般不会出现，原因很明显，主要是曲面要保持其中的所有的面必须是四边面结构。

组之间的关系和面都没有问题了，就要注意摆放，源模型组要放在平面上，然后选择所有的组，单击"曲面流动"工具按钮即可，生成效果如图 6-74 所示。

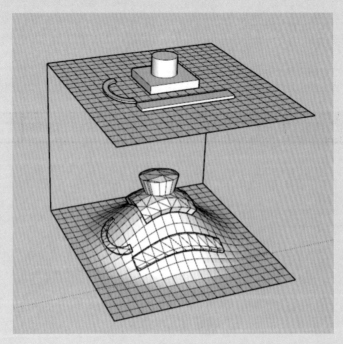

图6-74

6.13　倒角

倒角包括 FredoCorner 和 RoundCorner 两个插件，使用它们倒角的造型差别只是模型结构 UV 排布不同。

6.13.1　倒角——FredoCorner

如图 6-75 所示为倒角插件 FredoCorner 的工具栏，功能分别是倒圆角、倒直角、细分模型、倒斜角、修复编辑。

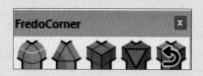

图6-75

除了"修复编辑"工具 ，其他工具的操作方法相同，都是先不选任何模型，单击相应的工具按钮，左上角也会出现菜单栏，如图 6-76 所示。一般只会用到"偏移"值 ，可以直接输入数值并按 Enter 键确定。操作时需要注意：偏移值就是倒角的距离，如果倒角的距离差距特别大，就会导致错误，因为不符合实际情况，然后单击需要倒角的面或者边，如果出现误操作就按 Esc 键返回后重新单击，完成后单击绘图区的空白处确定，按空格键退出工具。其他倒角样式的操作方法相同。

"修复编辑"的功能就是取消倒角或者重新修改参数。单击"修复编辑"按钮，然后单击需要恢复的面，软件会让你选择"还原"或"编辑"，单击"还原"按钮取消倒角，单击"编辑"按钮即可更改倒角的参数。

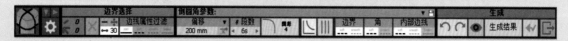

图6-76

6.13.2　倒角插件——Round Corner

如图 6-77 所示为倒角插件 Round Corner 的工具栏，功能分别是三维圆角、三维尖角、三维斜切。

图6-77

这个倒角插件和 FredoCorner 插件的操作方法类似，比 FredoCorner 运行更加稳定，但是和 FredoCorner 倒角出来的 UV 结构线不同。单击工具按钮后也有功能菜单栏，如图 6-78 所示。

图6-78

6.14　习题

6.14.1　单选题

1. 当需要标注一个面的所有尺寸时，用尺寸标注的哪个功能效率最高？（　　）

A. 新建尺寸标注。

B. 按面尺寸标注。

C. 自动尺寸标注。

D. 连续尺寸标注。

2. 当需要连续标注一个方向的所有尺寸，而且要整齐地排在一条线上时，用尺寸标注的哪个功能效率最高?（ ）

A. 修剪延伸标注。

B. 按面尺寸标注。

C. 自动尺寸标注。

D. 基点尺寸标注

3. 把多个尺寸合并到一起，应该使用尺寸标注工具的哪个功能?（ ）

A. 连续尺寸标注。

B. 合并尺寸标注。

C. 分割尺寸标注。

D. 基点尺寸标注。

4. 在"联合推拉"插件中，哪个类型的推拉是没有很多调节参数的?（ ）

A. 加厚推拉。

B. 联合推拉。

C. 矢量推拉。

D. 法线推拉。

5. 在"联合推拉"插件参数的面域选择集中，哪个用来识别结构虚线推拉?（ ）

A. 清除所选。

B. 表面。

C. 面对我的面。

D. 所有关联面。

E. 相邻的面，相同的材质。

6. 在"联合推拉"插件参数的"面域选择集"中，哪个是不识别结构虚线推拉的?（ ）

A. 清除所选。

B. 表面。

C. 面对操作者的面。

D. 所有关联面。

E. 相邻的面，相同的材质。

7. 在"联合推拉"插件参数的面域选择集中，哪个是一次识别所有相连面的？（ ）

A. 清除所选。

B. 表面。

C. 面对操作者的面。

D. 所有关联面。

E. 相邻的面，相同的材质。

8. 在"联合推拉"插件中，Local 的作用是什么？（ ）

A. 没有作用。

B. 自定义推拉方向的开关。

C. 使组件按照坐标轴方向推拉出面。

D. 指定自定义平面。

9. 在"联合推拉"插件中，如何自定义设置推拉的方向？（ ）

A. 使用矢量推拉，任意角度推拉。

B. 可以使用"联合推拉"插件中的 Custom，单击其后面的问号按钮自定义平面，然后推拉和这个面垂直的面。

C. 不可以自定义设置推拉方向。

D. 可以用法线推拉，任意角度推拉。

10. 如何设置可以使"联合推拉"成组？（ ）

A. 单击开启"联合推拉"功能菜单中的"创建群组"按钮。

B. 只有创建完成后手动成组。

11. "联合推拉"插件中，哪种推拉方式可以是任意角度的？（ ）

A. 加厚推拉。

B. 联合推拉。

C. 矢量推拉。

D. 法线推拉。

12. 当有两条不相交的曲线时，使用 Fredo Curvilurft（曲线放样）中的哪个工具进行连接并会形成面？（ ）

A.Fredo Loft by Spline（曲线放样）。

B.Fredo Loft along path（路径放样）。

C.Fredo Skin Contours（轮廓放样）。

13. 有两条闭合的路径分别处于垂直位置，在两者之间有一条曲线，使这两条闭合的路径连接，中间连接的变化规律是依据中间的曲线，需要使用 Fredo Curvilurft 中的哪个插件？（ ）

A.Fredo Loft by Spline（曲线放样）。

B.Fredo Loft along path（路径放样）。

C.Fredo Skin Contours（轮廓放样）。

14. 如果发现围成的四边面没有形成面，不是标准的矩形，该使用 Fredo Curvilurft（曲线放样）插件中的哪个工具连接并形成面？（ ）

A.Fredo Loft by Spline（曲线放样）。

B.Fredo Loft along path（路径放样）。

C.Fredo Skin Contours（轮廓放样）。

15. 在曲线放样生成编辑状态下，如何仅生成 UV 结构线，而不生成面？（ ）

A. 在编辑状态下，开启功能菜单栏中的"几何体"功能。

B. 无法实现，不可以仅生成线。

C. 在编辑状态下，开启功能菜单栏中的"VX 匹配"功能。

16. 变形框缩放是通过什么方法任意调整组缩放控制点的位置的？（ ）

A. 单击线，拾取它的方向，确定缩放控制点的位置。

B. 单击其他组，拾取其他组的方向。

C. 设置参数，直接调整缩放控制点的位置。

D. 都是默认位置，调整不了。

17. 变形框拉伸的参考拉伸平面一共有几个？（ ）

A.1 个。

B.2 个。

C.3 个。

D.4 个。

18. "变形框扭曲"和"径向自由弯曲"这两个插件功能中重点是哪个参数？（　）

A. 模型的组关系。

B. 切片参数。

C. 线的边数。

D. 模型的结构 UV 线。

19. 使用曲面绘制工具在曲面上画线，如何删除这些线才是最稳妥的方法？（　）

A. 直接选中并按 Delete 键。

B. 用曲面绘制工具插件自带的删除工具。

20. 绘制经典贝兹曲线时，方向顺序上有何要求？（　）

A. 从左至右绘制。

B. 从右至左绘制。

C. 从上至下绘制。

D. 从下至上绘制。

21. 在绘制完贝兹曲线时，如何确定绘制完成？（　）

A. 在画最后一个点时双击，然后单击绘图区空白处即可。

B. 直接按 Enter 键。

C. 直接按空格键。

D. 直接按 Tab 键。

22. 在画完曲线后，如何重新编辑曲线的造型？（　）

A. 选择需要编辑的曲线，单击"编辑"按钮后调整控制点。

B. 直接双击曲线即可重新编辑。

C. 曲线确定生成后无法重新编辑。

D. 选中曲线，再次单击"绘制曲线"工具按钮。

23. 在使用 FredoTools（纹理工具）时，选择面应该注意功能菜单栏的哪个模块设置？（　）

A. 材质。

B. 面域选择集。

C.UV 喷涂。

D. 属性。

E. 选项。

24. 在贴图时，相对于普通的平面贴图，中间有很多面要连续不断地贴图，用 FredoTools（纹理工具）中的 UV 喷涂该使用哪种模式？（　　）

A. 四边网格 UV 模式。

B. 自然 UV 连续模式。

C. 投影 UV 模式。

D. 转移 UV 模式。

25. 在使用 FredoTools（纹理工具）后，纹理图片该如何旋转、缩放？（　　）

A. 只能通过软件自带的"纹理贴图"工具进行旋转。

B.FredoTools（纹理工具）无法更改。

C. 用 FredoTools（纹理工具）单击纹理，会出现纹理控制器，可以旋转、缩放纹理图片。

D. 需要借助其他插件才可以修改。

26. 在使用 FredoTools（纹理工具）后，如何刚好在面上赋予完整贴图？（　　）

A. 用 FredoTools（纹理工具）单击模型上的纹理图片，会弹出对话框，然后单击"1X1 平铺"按钮，即可把贴图完整贴在面上。

B. 用 FredoTools（纹理工具）单击模型上的纹理图片，会弹出对话框，然后单击 nuXmv 按钮，即可把贴图完整贴在面上。

C. 只能用自带的"材质"工具调整。

27. 需要形体弯曲的目标组，是否支持多层嵌套的关系？（　　）

A. 支持。

B. 不支持。

28. 在操作"形体弯曲"时，那条沿着轴线的直线是不是在轴线方向上的长度必须和曲线一样长？（　　）

A. 必须一样长。

B. 可长可短。

29. 在使用 TrueBend（真实弯曲）插件时，那条使模型弯曲的红线沿着什么方向？（　　）

第6章　经典辅助类插件

A. 沿着红轴方向。

B. 沿着绿轴方向。

C. 沿着蓝轴方向。

D. 沿着红轴反方向。

E. 沿着绿轴反方向。

F. 沿着蓝轴反方向。

30.TrueBend（真实弯曲）插件是否支持嵌套组变形？（ ）

A. 支持。

B. 不支持。

31. 开启顶点编辑器模型上的点会有什么变化？（ ）

A. 在和运行了顶点编辑器同一层级的模型上的点都会变成蓝色。

B. 只要运行了顶点编辑器，场景中所有模型上的点都会变成蓝色。

C. 只是运行顶点编辑器，场景不会有任何变化。

D. 运行了顶点编辑器的场景，只有被选中的点才会变为蓝色。

32. 如何使用顶点编辑器将多个点合并为一个点？（ ）

A. 运行顶点编辑器，选中需要合并的点，单击"合并点"按钮。

B. 运行顶点编辑器，选中需要合并的点，单击"自动共面"按钮。

C. 运行顶点编辑器，选中需要合并的点，单击"缩放"按钮。

D. 运行顶点编辑器，选中需要合并的点，单击"插入顶点"按钮。

33."生长阵列"插件是否支持不是群组或者组件的模型？（ ）

A. 支持。

B. 不支持。

34. 使用"曲面流动"插件，一共需要几个组？（ ）

A.3 个。

B.4 个。

C.5 个。

D.6 个。

35."曲面流动"插件的两条线必须和地形还有平面保持垂直关系吗？（ ）

A. 不需要保持垂直关系，只要连接即可。

B. 必须保持垂直，否则会报错。

36.FredoCorner 和 Round Corner 插件最主要的区别是什么？（ ）

A. 名称不同。

B. 操作不同。

C. 倒角出来的模型 UV 纹理结构不同。

D. 插件开发者不同。

37. 本章讲述了哪几种倒角的方法？（ ）

A.SketchUp 自带的倒角方法，画圆弧倒角。

B.FredoCorner 插件。

C.Round Corner 插件。

D.2D Tools。

38. 以下关于 FredoCorner 插件操作的流程和注意事项描述中正确的是？（ ）

A. 注意在单击工具按钮之前不要选中模型。

B. 在什么模型都不选中的情况下，单击工具按钮，然后直接单击需要倒角的面和线，设置好参数，单击绘图区空白处结束操作。

C. 设置参数时可以任意设置，只要可以倒角的地方都可以。

D. 任何一个倒过角的模型都可以用 FredoCorner 插件还原。

6.14.2 多选题

1.Fredo_JointPushPull（联合推拉）工具集中有哪些推拉类型？（ ）

A. 加厚推拉。

B. 联合推拉。

C. 矢量推拉。

D. 倒角推拉。

E. 跟随推拉。

F. 法线推拉。

G. 投影推拉。

H. 曲面推拉。

2."联合推拉"功能菜单栏的"结果"区域中的两个按钮有什么区别?（　　）

A. 一个为"删除原始面"按钮,另一个为"保持原始面并翻转"按钮。

B. 这两个按钮的区别就相当于 SketchUp 自带的"推拉"命令操作是否按下 Ctrl 键,也就是加了一个面推拉。

C. 两个按钮操作的结果没有区别。

3. 在"联合推拉"功能菜单栏中"平面"的 No、X、Y、Z 按钮都有什么作用?（　　）

A. 单击 No 按钮可以任意按 X、Y、Z 轴向推拉,不受约束。

B. 单击 X、Y、Z 按钮其中之一,只在那个轴方向推拉。

C. 这只是显示效果,没有实际作用。

4. 在"联合推拉"功能菜单栏中"轮廓线""网格""无"选项分别有什么作用?（　　）

A. 选中"轮廓线"选项,会得到普通推拉的结果。

B. 选中"网格"选项,会识别结构线,将结构线也推拉出线,推拉出来的面比较复杂。

C. 选中"无"选项,推拉出来的面就像复制出的面。

D. 选中"轮廓线"或"网格"选项,推拉出来的面是相同的,所以这两个选项没有区别。

5. 使用"曲线放样"插件,如何增加放样出来的面的 UV 构造线?（　　）

A. 增加放样前线的段数。

B. 增大曲线放样中结果的插值。

C. 增加曲线放样中结果的采样。

D. 增加曲线放样中结果的段数。

E. UV 构造线的数量是固定的,无法更改。

6. 使用"曲线放样"插件选择线时,需要注意哪些问题?（　　）

A. 在选择线时,要提前把线"焊接"成一个整体,否则就会出问题,导致生成模型失败。

B. 在选择线时,选择的顺序可以任意改变,只要把该选中的线都选中即可。

C. 在使用曲线放样时,选择线的顺序也非常重要,直接影响生成的结果。

D.在选择线时要看情况,有时全选线直接运行命令都可以生成理想的造型,有时却不行,具体要看线,不过最好还是要按照规则操作。

E. 在不小心选错了线的情况下，无须按空格键结束命令再重新选，可以按 Esc 键返回上一步。

7. "变形框缩放"插件相比于 SketchUp 自带的"缩放"工具有什么优势？（　　）

A. 使用"变形框缩放"插件进行模型缩放时，那些缩放的点都是贴着模型边的。

B. 使用 SketchUp 自带的"缩放"命令，缩放点并不是一直贴着模型边的。

C. 使用"变形框缩放"插件可以任意设置缩放的点，而软件自带的"缩放"命令不可以。

D. "变形框缩放"插件的运行速度要比软件自带的"缩放"命令快。

8. Toos on Surface（曲面绘制）插件可以在曲面上绘制哪些对象？（　　）

A. 直线。

B. 多边形。

C. 弧线。

D. 圆。

E. 推拉出立体的造型。

F. 虚线。

9. 在"贝兹曲线"插件中，"控制点数"和"段数"参数的含义是什么？（　　）

A. "控制点数"指画出来的曲线一共有多少个控制曲线造型的点，个数是包括曲线两个端点在内的。

B. "段数"指这条曲线分解之后有几段，段数越多曲线越平滑。

C. "控制点数"指编辑状态下，黄色线编辑点的数量。

D. "段数"可以任意设置，总归得到的是光滑的曲线。

10.FredoTools（纹理工具）经常使用在哪些复杂的模型上？（　　）

A. 枕头。

B. 汽车。

C. 曲面坡道。

D. 普通的平面。

E. 山地地形模型。

F. 类球体模型。

G. 曲线放样出来的面。

11. 在应用"形体弯曲"插件时，以下哪些对象是必需的？（　　）

A. 需要弯曲变形的组。

B. 沿着红轴的直线。

C. 沿着绿轴的直线。

D. 需要参考弯曲成目标形状的曲线。

12. 使用"形体弯曲"插件在预览结果时，按哪些键可以切换模型的生成结果？（　　）

A. 上方向键。

B. Home 键。

C. 下方向键。

D. End 键。

E. Shift 键。

F. Alt 键。

G. Tab 键。

13. 在使用 TrueBend（真实弯曲）插件确认形状时，需要如何操作？（　　）

A. 双击。

B. 按 Enter 键。

C. 按空格键。

D. 右击。

14. 为什么使用"顶点编辑器"插件选中的点会有各种颜色？代表什么意思？如何使用？（　　）

A. 使用"顶点编辑器"插件，选中点会带动周围的点被选中，这些被带动的点产生的影响大小，是用颜色区分的。

B. 各种颜色就是控制点的力度，运行"顶点编辑器"插件后，界面右下角会出现影响范围的数值。

C. 各种颜色只为好看，没有特别的含义。

D. 各种颜色中，蓝色是没有选中的意思，是不受影响的。

15. 在"顶点编辑器"插件中有哪些选点的方式？（　　）

A. 单击选择点。

B. 矩形框选点。

C. 圆形选择点。

D. 多边形选择。

E. 手绘选择点。

F. 点数量选择。

16. 在"顶点编辑器"插件中，有哪几种软选择方式？（   ）

A. 以线性衰减方式软选择。

B. 以 cosine 衰减方式软选择。

C. 以 tan 衰减方式软选择。

D. 以幂函数衰减方式软选择。

17. "生长阵列"插件中可以阵列的参数都有哪些？（   ）

A. 模型的 X、Y、Z 轴向的距离。

B. 模型的 X、Y、Z 轴向的旋转角度。

C. 模型的 X、Y、Z 轴向的缩放。

D. 模型沿着曲线阵列。

18. 在使用"曲面流动"插件时，经常会报错生成失败，原因有哪些？（   ）

A. 模型之间的组关系有问题。

B. 线没有连接。

C. 曲面部分有破面，或者不满足伪四边面结构。

D. 线没有和曲面保持垂直。

E. 组中还嵌套了其他组。

第7章
经典集合类插件

本章讲解的集合类插件包括"建筑插件集""超级工具集""坯子助手"。

7.1 建筑插件集——1001bit pro

建筑插件集的英文名称为 1001bit pro，如图 7-1 所示，是一个强大的建筑专业插件集合，本节讲解的内容包含其 49 个功能。

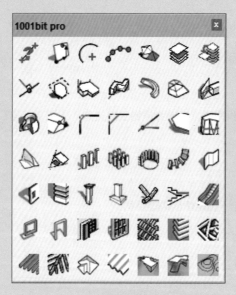

图7-1

7.1.1 两点信息

单击"两点信息"工具按钮 ，然后单击两点，之后会弹出对话框，上面会显示这两个位置的坐标、距离、方位、角度等信息。

7.1.2 面定位点

首先需要一个与 Z 轴不垂直的面，然后单击"面定位点"工具 并选择一个面，再选择一个参考点，接下来沿着面的方向单击，确定一个位置，再单击一个 Z 轴的位置，在面上放置一个点。

7.1.3 标记圆心

单击"标记圆心"工具按钮⊕，接下来需要单击三个点，这三个点确定一个圆，它就会在这个圆的圆心标记一个点。

7.1.4 分割线段

单击"分割线段"工具按钮，会弹出如图 7-2 所示的"分割线段"对话框，其中包括"细分数量（平均分布）""固定距离""平均分割，每个细分不超过"等参数，具体的使用方法如下。

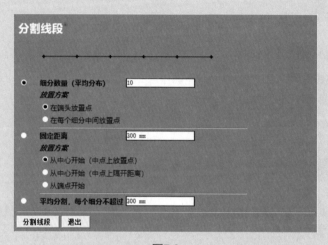

图7-2

※ 在端头放置点：指从左或者右端放置一个点，后面按照平均的数量分割的距离放置点。具体是从左还是右放置，单击"分割线段"工具按钮，然后选择线段的位置看离哪一端近，来决定放置的起始点。

※ 在每个细分中间放置点：指平均分割后，在每一段的中间放置点，如图 7-3 所示。

※ 固定距离：首先输入固定的距离，然后软件会提供 3 个放置方案。

※ 从中心开始（中点上放置点）：以中心点放点，然后向两端放点，如图 7-4 所示。

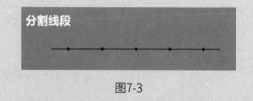

图7-3

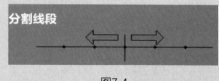

图7-4

※ 从中心开始（中点上隔开距离）：线的中心不放点，从中间的距离一半开始放点，如图 7-5 所示。

※ 从端点开始：从左或者右端开始放置，如图 7-6 所示，此时都会产生一个问题，就是从哪一头开始计算？在单击"分割线段"工具按钮后，接下来就是选线段，原则是单击线的位置离哪个端点近，就从哪个端开始算。这有一个优点，可以连续单击，只要不按空格键退出命令，就

可以一直添加点。如果单击中点算哪一端呢？这里是单击线计算位置的，不存在可以单击到中点位置的可能性，只要不是捕捉到中点，再怎么单击也不可能单击到中点，就像 AutoCAD 中的操作。

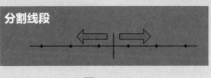
图7-5

图7-6

7.1.5 对齐所选

"对齐所选"工具 就是通过定义 3 个基点和 3 个目标点来控制一个模型进行三维对齐。

在单击"对齐所选"工具按钮之前，需要先选择模型，最好是群组或组件（进行对齐时如果和其他模型有相连关系就会变形，这是 SketchUp 的属性），然后单击模型上的 3 个点，例如 A、B、C，接下来再单击 3 个点 D、E、F，这里要注意点的顺序要对应，放置的位置就是依据这个顺序进行操作的。

7.1.6 设置图层

"设置图层"工具 可以创建一个图层，单击该工具按钮，会弹出对话框，选择一个图层作为当前的图层，单击"好"按钮结束操作。

7.1.7 合并图层

"合并图层"工具 就是创建一个图层，把选中的模型放入这个图层中。选中模型，单击该工具按钮会弹出对话框，输入新图层的名称，单击"好"按钮结束操作。

7.1.8 画垂直线

"画垂直线"工具 可以画一条和目标垂直的线。单击该工具按钮，然后单击一点作为垂线的出发点，然后再单击一条线或者一个面，单击线就垂直于这条线，单击面，画出来的线就垂直于这个面。

7.1.9 平面绘图

"平面绘图"工具 可以自定义面，然后在面上画线形成面。单击该工具按钮，先连续单击 3 个点确定一个面，然后在确定的面上连续画线，双击结束操作。

7.1.10　生适合面

单击"生适合面"工具按钮 🐾，连续单击多个位置，单击到最后一个位置时双击，就会在这些位置创建一个最合适的面，但创建的面并不一定是理想的，所以最好还是自己确定位置绘制。

7.1.11　沿路径放样

"沿路径放样"工具 🔗 和 SketchUp 自带的"路径跟随"工具的效果类似。先选中需要放样的路径，单击该工具按钮，选择需要放样的截面，然后单击两个位置作为放样起始点和结束点即可生成放样效果。

7.1.12　路径放样（旋转不倾斜）

"路径放样（旋转不倾斜）"工具 🔗 和 SketchUp 自带的"路径跟随"工具类似，只是比软件自带的工具功能强大，该工具不需要把截面靠在路径上，也不需要离得很近，而且最重要的是，对那种特别复杂的曲线路径会有不同的效果，例如螺旋线，使用自带的工具操作，到后面就会出现错误，截面是歪的，用这个插件操作就不会，计算能力比软件自带的工具强。

选中路径单击"路径放样（旋转不倾斜）"工具按钮，弹出对话框，询问是否保持垂直截面，单击"是"按钮关闭对话框。单击截面，在截面上选取 3 个点，作为放样依据，这 3 个点选取的顺序会影响最后的结果。

7.1.13　锥形拉伸

"锥形推拉"工具 🔷 可以按照原来的轮廓趋势推拉。单击该工具按钮，会提示是否加厚推拉，相当于使用"推拉"工具时按下 Ctrl 键，然后单击并开始推拉，典型的操作就是锥形体推拉，但是不能一次推到尖点，因为不能自动捕捉尖点，可以画一条辅助线作为参考。

7.1.14　推拉已选面到目标平面

选中需要推拉的面，单击"推拉已选面到目标平面"工具按钮 ✏️，会弹出对话框，提示是否保留原始轮廓，单击"是"或者"否"按钮关闭对话框，单击鼠标左键并拖动，推拉出来的面会朝着正面方向，再次单击完成推拉操作，这个推拉的效果会受到面的影响，不同于软件自带的"推拉"工具。

7.1.15　车削曲面

"车削曲面"工具 🔗 和"路径跟随"工具类似，只是"车削曲面"工具使模型的变化在于"旋转比例"参数的设置。

首先选择一个面，然后单击"车削曲面"工具按钮 🔗，弹出如图 7-7 所示的对话框，新手看第一个图感觉像是路径跟随，不同的地方就是"旋转角度"和"细分数"参数，当单击"旋转比例"文本框时，对话框就会发生变化。如图7-8所示，这里注意看标注a和X的位置，"细分数"指光滑程度。单击"创建旋转面"按钮，然后单击两点，确定旋转轴，完成操作。

图7-7   图7-8

7.1.16　移动端点

"移动端点"工具 和"移动"命令类似，单击该工具按钮，然后单击端点，再单击一点，会把端点移至这个位置，注意不要在组上操作，该工具不能穿透组。

7.1.17　线倒圆角

单击"线倒圆角"工具按钮 ，然后选择两条相交线，会弹出对话框，输入"倒角的半径""细分数量"值，输入半径值时要符合实际情况，不要画的直线为10mm，倒角半径为100mm，这样就会导致操作失败，而且"细分数量"值过大也会导致计算机卡顿。

7.1.18　线倒切角

单击"线倒切角"工具按钮 ，然后选择两条相交线，会弹出对话框，输入"第一次切角距离""第二次切角距离"值，这里也要符合实际情况，先考虑画的线有多长，再定距离。

7.1.19　延伸线段

单击"延伸线段"工具按钮 ，然后单击一条需要延伸的线段，将鼠标指针移至需要被延伸到的线段或者面，此时会有预览，然后单击。操作时要注意，异面或者平行的线段或面无法操作，要预览是否可以延伸到相应的对象。

SketchUp 2022草图绘制标准教程

124

7.1.20 偏移线段

单击"偏移线段"工具按钮 ，会弹出对话框，输入偏移的距离，然后单击需要偏移的线段，再往需要偏移的方向偏移，即可完成操作。该工具针对单条线段，可以连续操作。

7.1.21 水平切割面

"水平切割面"工具 可以在某个位置的水平位置切割出线，但不能穿透组。单击该工具按钮，然后单击一个面，再单击一个位置，在这个位置上移动确定位置，最后单击，生成一圈线后完成切割。

7.1.22 生成斜坡

"生成斜坡"工具 用来创建简单的斜坡。首先绘制一条线并选中，单击该工具按钮，会弹出如图 7-9 所示的对话框，其中的"平面距离"指这条线的长度，还有"高度"和角度值都可以从对话框的图示中看出用途，而且这些参数会相互影响。

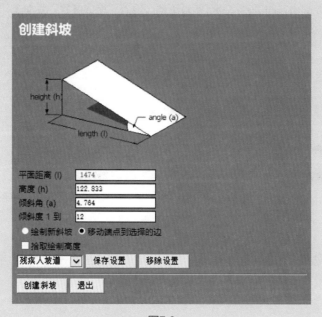

图7-9

在"创建斜坡"对话框中，给出"高度"或者角度，其他参数就会自动生成数据，单击"创建斜坡"按钮后，需要拾取坡道的起始点，单击一个起始点，然后拾取或者输入坡道的 Z 轴起始高度，再确定一个起始高度完成操作。这里使用的斜坡线可以是多种线组合的，只要不断开即可，例如，画一条直线再加一条圆弧连在一起都是可以的。

7.1.23 多重缩放

"多重缩放"工具 有 3 种缩放的类型，如图 7-10 所示。

图7-10

选中需要缩放的模型，单击"多重缩放"工具按钮，选择第一个类型，这里选择的"缩放类型"为 1，单击"继续"按钮，会弹出如图 7-11 所示的对话框，输入"缩放参数"后单击"好"按钮，然后拾取参考点，这里的参考点指的是从哪个点开始缩放。

如果"缩放类型"选择 2，单击"继续"按钮，会弹出如图 7-12 所示的对话框，分别输入 X、Y、Z 轴的缩放参数，然后拾取参考点缩放。

图7-11

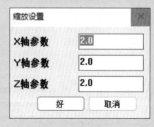

图7-12

如果"缩放类型"选择 3，单击"继续"按钮，拾取基点，然后单击第一个参考点，再单击第二个参考点，模型就会依照两个参考点的距离进行缩放。

7.1.24 线性阵列

选中模型（这里必须选中一个群组或者组件），单击"线性阵列"工具按钮 ，会弹出如图 7-13 所示的对话框，这里的方案包括"实体数量（平均分布）""固定距离""平均分布实体"，选中对应的放置方案，对话框都会出现对应的图释，建议对照上面的提示进行操作，主要选项的具体使用方法如下。

※ 在端头放置实体：指从左或者右端放置一个实体，后面按照平均数量按距离放置。

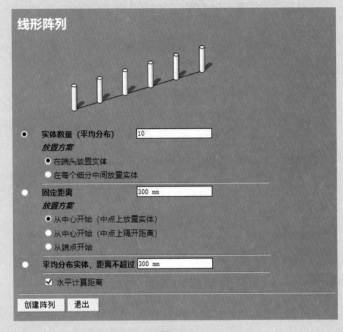

图7-13

※ 在每个细分中间放置实体：选中该单选按钮的操作流程和选中"在端头放置实体"单选按钮类似，只不过选中该单选按钮后，在每一段的中间放置实体。操作时，选中模型，单击"线性阵列"工具按钮 ，在弹出的对话框中单击"创建阵列"按钮，此时再单击模型，然后单击路径起始点，单击终点，完成创建阵列操作。

※ 从中心开始（中点上放置实体）：指从线段的中心点放置实体，依据输入的固定距离向两端放置。操作流程和第一个方案相同。

※ 从中心开始（中点上隔开距离），指线段的中心不放，从中间的距离一半放实体，操作流程和第一个方案相同。

※ 从端点开始：指从左或者右端开始放置，操作流程和第一个方案相同。

※ 平均分布实体，距离不超过：在该文本框中输入小于或等于最接近的距离，平均分布模型。

7.1.25　矩形阵列

"矩形阵列"工具 可以在横纵距离上分别阵列模型。

选中模型（这里必须是一个群组或者组件），单击"矩形阵列"工具按钮 ，会弹出如图 7-14 所示的对话框，设置好参数后单击"创建阵列"按钮。接下来单击组作为阵列的基点，然后单击确定阵列的位置，再分别单击两点确定行列的方向，完成操作。

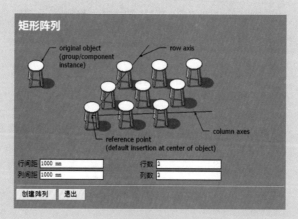

图7-14

7.1.26 极轴阵列

　　"极轴阵列"工具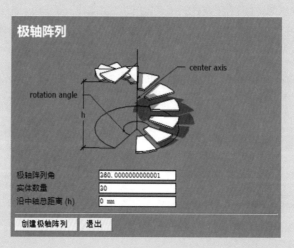可以绕某条直线阵列，不一定是 Z 轴。如图 7-15 所示，极轴阵列角可以大于 360°，"实体数量"指最终生成的模型数量。选中模型（这里必须是一个群组或者组件），单击"极轴阵列"工具按钮，在弹出的对话框中设置参数，再单击"创建极轴阵列"按钮，然后单击两点确定阵列的中心，完成操作。

图7-15

7.1.27 路径阵列

　　"路径阵列"工具和"分割线段""线形阵列"类似。选中模型（这里必须是一个群组或者组件）和路径，这里的路径可以是曲线，然后单击"路径阵列"工具按钮，会弹出如图 7-16 所示的对话框，调整后参数后单击"创建阵列"按钮，关闭对话框后单击阵列的基点，再单击路径的端点，操作完成。这里要注意的是，如果没有把模型放在路径的端点上，这个模型就不会阵列到这条线上，而是以线的形状开始阵列。

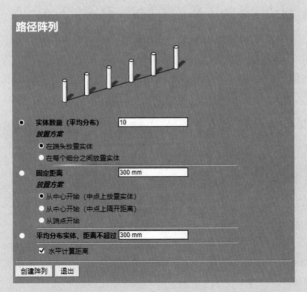

图7-16

7.1.28 竖直墙体

"竖直墙体"工具 提供了 3 种类型的墙。

类型 1

单击"竖直墙体"工具按钮 ，弹出如图 7-17 所示的对话框。选择"墙体类型"为 1，这是普通没有造型的墙，单击"创建墙体"按钮，跳转到如图 7-18 所示的"创建垂直墙体"对话框中，a 和 b 分别代表墙体的"厚度"和"高度"，还有"对齐方式"的单选按钮，按照实际情况进行选择，如果选中"成组"复选框，画出来的墙就是以群组的形式出现的。接下来只需要单击"创建墙体"按钮就可以开始绘制了，该工具支持连续绘制，双击形成墙体结束操作。

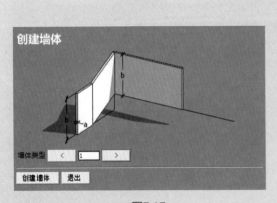

图7-17

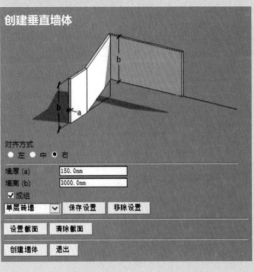

图7-18

类型 2

类型 2 相对于比类型 1 多了一个间隔，间隔距离是 c，其他的操作都和类型 1 相同，都要设置"墙厚"和"墙高"值，除去间隔两侧的厚度是均分的，类型 2 没有参数需要调节。在如图 7-19 所示的"创建墙体"对话框中选择墙体类型，单击"创建墙体"按钮开始绘制墙体，双击形成墙结束操作，修改参数如图 7-20 所示。

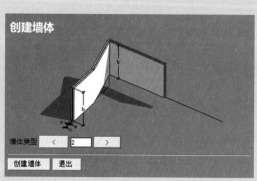

图7-19

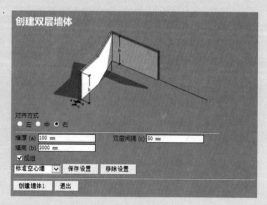

图7-20

类型 3

创建"龙骨隔墙"有 5 个参数，"墙厚（a）""墙高（b）""龙骨间距（e）""龙骨长（c）""龙骨宽（d）"，其他的参数和其他类型相同，操作也没有变化，在如图 7-21 所示的"创建墙体"对话框中选择墙体类型，单击"创建墙体"按钮开始绘制墙体，双击形成墙结束操作，修改参数如图 7-22 所示，效果如图 7-23 所示。

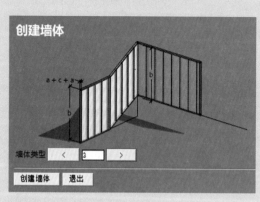

图7-21

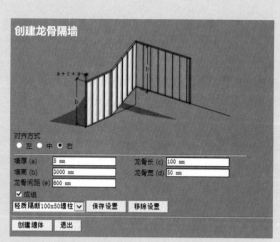

图7-22

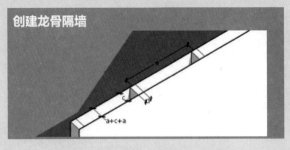

图7-23

7.1.29 墙体开洞

"墙体开洞"工具 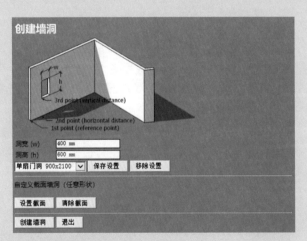 可以在墙体上开洞,支持穿透组操作,但是遇到复杂的墙体软件可能无法识别。

单击"墙体开洞"工具按钮 ,弹出如图7-24所示的"创建墙洞"对话框,其中有两个主要的参数——"洞宽(w)"和"洞高(h)",只要更改这两个参数就可以调整洞口的大小,这里洞口的形状是矩形的,也可以自定义形状。单击"设置截面"按钮,再单击已绘制好的截面,这个截面就拾取完成了,接下来用这个截面开洞就可以了,可以直接双击开洞,也可以单击一个参考点,然后确定横向距离和纵向距离完成开洞操作。

图7-24

7.1.30 水平凹槽

"水平凹槽"工具 可以在面上开槽,单击该工具按钮,弹出如图7-25所示的对话框,其中包括"凹槽内部尺寸(a)""凹槽外部尺寸(b)""凹槽深度(c)""凹槽间隔(d)"和"凹槽数量",可以更改数值来控制凹槽大小,这里要注意数值要和凹槽的面对应,并要符合实际情况,如果尺寸出入特别大就会报错。如图7-26所示为参数标注。

具体操作流程为,首先选中需要生成的面,单击"水平凹槽"工具按钮,在弹出的对话框中设置参数,然后单击"创建凹槽"按钮,单击一个起始点,软件界面左下角会有提示,提示是否需要柔化边线,选择一点单击，结束操作。

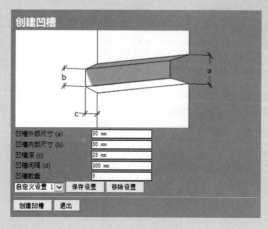

图7-25

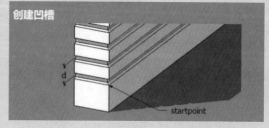

图7-26

7.1.31　创建柱子

　　"创建柱子"工具 ▽ 一共提供了5种类型的柱子，由简单到复杂，每个类型都会弹出相应的对话框。

类型 1

　　单击"创建柱子"工具按钮 ▽ ，弹出如图7-27所示的"创建柱子"对话框，选择"柱子类型"为1，单击"创建柱子"按钮，弹出如图7-28所示的"创建柱子1"对话框，这是一种较简单的柱子，可以调整上下矩形截面的参数c1、c2、w1、w2，还有设置柱子高度的h1。设置好参数后单击"创建柱子"按钮，单击一点确定位置，再单击一点确定柱子的方向。

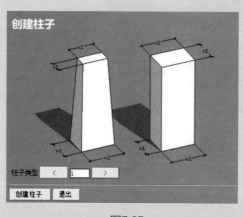

图7-27

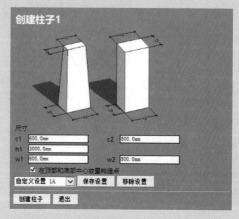

图7-28

类型 2

　　单击"创建柱子"工具按钮 ▽ ，弹出如图7-29所示的"创建柱子"对话框，选择"柱子类型"为2，单击"创建柱子"按钮，弹出如图7-30所示的"创建柱子2"对话框，这是一种简单的椭圆形柱，d和w是代表间距，"细分数量"值越大段数越多，h1代表柱子的高度，xscale代表长轴长度是短轴长度的几倍，如果是 1 就是长短轴等长，形成圆柱。设置好参数后，单击确定放置位置，然后再单击确定方向，操作完成。

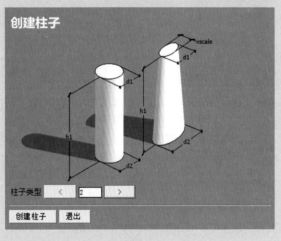

图7-29

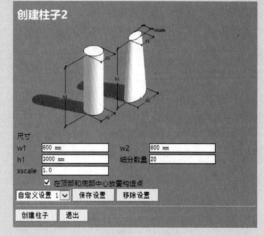

图7-30

类型 3

单击"创建柱子"工具按钮 ，弹出如图 7-31 所示的"创建柱子"对话框，选择"柱子类型"为 3，单击"创建柱子"按钮，弹出如图 7-32 所示的"创建柱子 3"对话框，这是一种简单的矩形柱，上面有类似缩放推拉的矩形。"创建柱子 3"对话框中提供的 c1、c2、h1、h2、w1、w2、h3 分别代表下面柱子和上面柱子的长、宽、高，设置好参数后单击"创建柱子"按钮，单击一点确定位置，再单击一点确定柱子的方向。

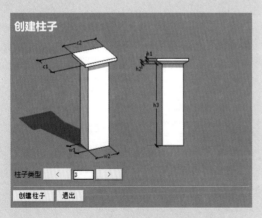

图7-31

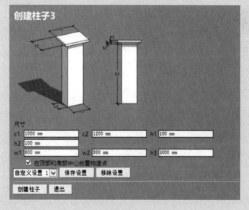

图7-32

类型 4

单击"创建柱子"工具按钮 ，弹出如图 7-33 所示的"创建柱子"对话框，选择"柱子类型"为 4，单击"创建柱子"按钮，弹出如图 7-34 所示的"创建柱子 4"对话框，这是一种四边形的罗马柱，看起来比较复杂。"创建柱子 4"对话框中没有太多的调节参数，柱子的长（w1）、宽（w2）和高（h1）控制柱子的大小。设置好参数后单击"创建柱子"按钮，单击一点确定位置，再单击一点确定柱子的方向。

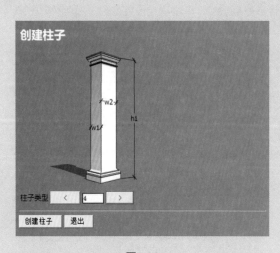

图7-33

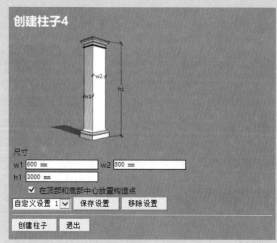

图7-34

类型 5

单击"创建柱子"工具按钮 ▽ ，弹出如图7-35所示的"创建柱子"对话框，选择"柱子类型"为5，单击"创建柱子"按钮，弹出如图7-36所示的"创建柱子5"对话框，这是一种多边形的罗马柱，可以改变边数，但是每条边都是一样的。"细分数量"指边数，如果想要做成圆柱子，就把边数加到36即可，w1和d1指柱子中间部分的直径，h1指高度。设置好参数后单击"创建柱子"按钮，单击一点确定位置，再单击一点确定柱子的方向。

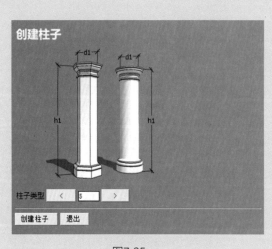

图7-35

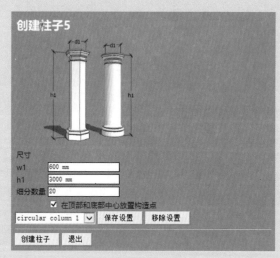

图7-36

7.1.32 创建基础

"创建基础"工具 ↓ 提供了两种基础类型——"杯形基础"和"条形基础"，其中的参数可以调整并保存为预设，如果经常做地基，可以将常用的参数设置为预设，直接生成即可。

类型 1

单击"创建基础"工具按钮⤵，弹出如图 7-37 所示的"创建基础"对话框，选择"基础类型"为 1，单击"创建基础"按钮，在弹出的如图 7-38 所示的"创建基础"对话框中调整参数，单击"创建基础"按钮，随后确定位置并放置即可。

"杯形基础"的参数包括 w1、w2、h1、h2、b1、b2、h3，分别对应图片中所指的尺寸。

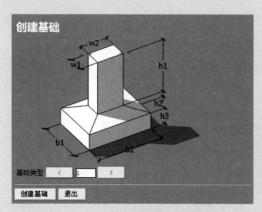

图7-37

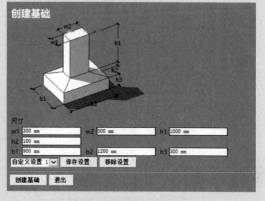

图7-38

类型 2

单击"创建基础"工具按钮⤵，弹出如图 7-39 所示的"创建基础"对话框，选择"基础类型"为 2，单击"创建基础"按钮，然后开始连续绘制，软件界面右下角也可以手动输入距离后，并按 Enter 键确定，此时并没有结束还可以继续画。如果输入数值后按 Enter 键不需要再画了，鼠标指针不要动，直接双击即可生成，完成操作。

"条形基础"的参数包括 w1、o1、o2、b1、b2、h1、h2，分别对应图片中所指的尺寸，如图 7-40 所示。这里有一个参考点，就是绘制时的端点。

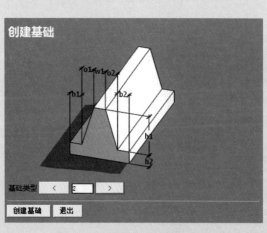

图7-39

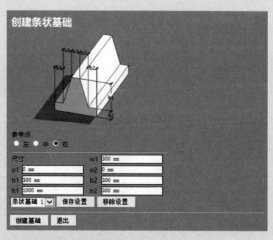

图7-40

7.1.33 边线成体

"边线成体"工具 ✎ 和"路径跟随"类似，"边线成体"工具给出一些参数化的样板截面放样，可以设置截面数据，这里的截面类型有5种，如果都不能胜任，也可以自定义截面放样。

类型1

单击"边线成体"工具按钮，弹出如图7-41所示的"边线成体"对话框，这个放样的截面是一个矩形，可以设置"截面宽（w）"和"截面长（d）"参数，具体的操作流程如下。

首先选中需要放样的线条，单击"边线成体"工具按钮，弹出"边线成体"对话框，选择"界面类型"为0，单击"创建实体"按钮即可。

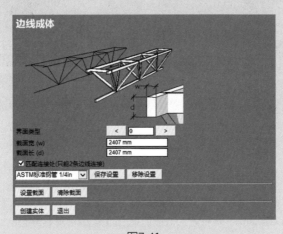

图7-41

类型2

单击"边线成体"工具按钮，弹出如图7-42所示的"边线成体"对话框，选择"界面类型"为1，这个放样的截面是一个椭圆形，长短轴分别用"截面宽（w）"和"截面长（d）"参数控制，操作流程和类型1相同。

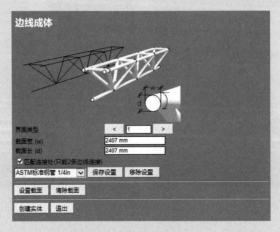

图7-42

类型 3

单击"边线成体"工具按钮，弹出如图 7-43 所示的"边线成体"对话框，选择"界面类型"为 2，这个放样的截面为圆角矩形，长短轴分别用"截面宽（w）"和"截面长（d）"参数控制，这里的圆角大小是无法调整的，操作流程和类型 1 相同。

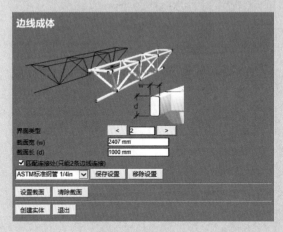

图7-43

类型 4

单击"边线成体"工具按钮，弹出如图 7-44 所示的"边线成体"对话框，选择"界面类型"为 3，这个放样的截面为工字形，长短轴分别用"截面宽（w）"和"截面长（d）"参数控制，工字形的厚度没有调整参数，操作流程和类型 1 相同。

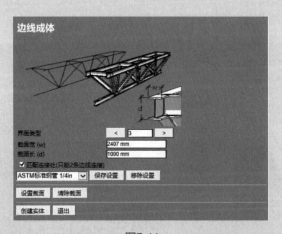

图7-44

第7章　经典集合类插件

类型 5

单击"边线成体"工具按钮，弹出如图 7-45 所示的"边线成体"对话框，选择"界面类型"为 4，这个放样的截面为 U 字形，长短轴分别用"截面宽（w）"和"截面长（d）"参数控制，U 字形的厚度没有调整参数，操作流程和类型 1 相同。

当截面样式都不是要使用的形状时，单击"设置截面"按钮，然后单击已绘制好的截面，就可以直接使用了。

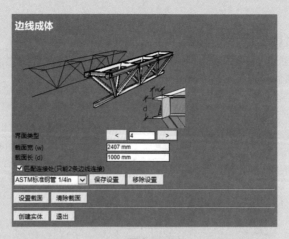

界面类型　　　　　　　　< 4 >
截面宽 (w)　　　　　　　2407 mm
截面长 (d)　　　　　　　1000 mm
☑ 匹配连接处(只前2条边线连接)
ASTM标准钢管 1/4in ▾ 保存设置 移除设置

设置截面 清除截面

创建实体 退出

图7-45

7.1.34 创建楼梯

"创建楼梯"工具 ⚡提供了 12 种楼梯样式，每一种都有对应的调整参数，如果有某些特别的需求还可以手动修改模型。

类型 1

单击"创建楼梯"工具按钮，弹出如图 7-46 所示的"创建楼梯"对话框，选择"楼梯类型"为 1，单击"创建楼梯"按钮，弹出如图 7-47 所示的对话框，设置好所有的参数后单击"创建单跑楼梯"按钮，单击一点确定放置位置，再单击一点确定方向。

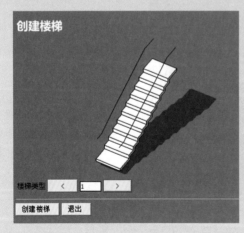

创建楼梯

楼梯类型　< 1 >

创建楼梯 退出

图7-46

创建单跑楼梯

梯段宽 (a)　　　1000 mm　　　踏步高 (b)　　　　　　　150 mm
踏步宽 (c)　　　300 mm　　　　踏步数　　　　　　　　　10
梯级板厚 (d)　　25 mm　　　　　纵梁宽 (e)　　　　　　　100 mm
纵梁厚 (f)　　　250 mm　　　　　扶手至踏步边缘距离 (g)　50 mm
扶手高 (h)　　　1000 mm

自定义设置 1 ▾ 保存设置 移除设置

创建单跑楼梯 退出

图7-47

类型 2

单击"创建楼梯"工具按钮，弹出如图 7-48 所示的"创建楼梯"对话框，选择"楼梯类型"为 2，单击"创建楼梯"按钮，弹出如图 7-49 所示的对话框，设置好所有的参数后单击"创建单跑楼梯"按钮，单击一点确定放置位置，再单击一点确定方向。

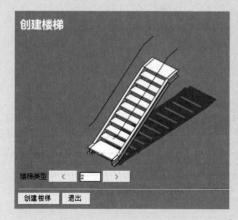

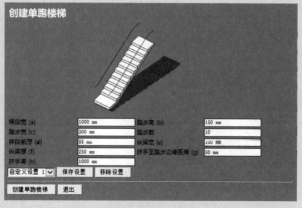

图7-48

图7-49

类型 3

单击"创建楼梯"工具按钮，弹出如图 7-50 所示的"创建楼梯"对话框，选择"楼梯类型"为 3，单击"创建楼梯"按钮，弹出如图 7-51 所示的对话框，设置好所有的参数后单击"创建单跑楼梯"按钮，单击一点确定放置位置，再单击一点确定方向。

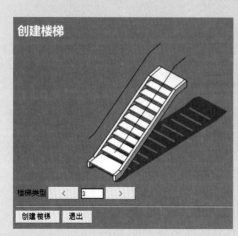

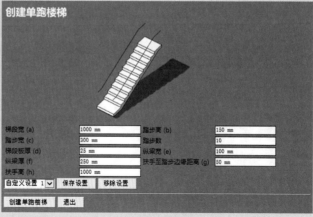

图7-50

图7-51

类型 4

单击"创建楼梯"工具按钮，弹出如图 7-52 所示的"创建楼梯"对话框，选择"楼梯类型"为 4，单击"创建楼梯"按钮，弹出如图 7-53 所示的对话框，设置好所有的参数后单击"创建单跑楼梯"按钮，单击一点确定放置位置，再单击一点确定方向。

类型 5

单击"创建楼梯"工具按钮，弹出如图 7-54 所示的"创建楼梯"对话框，选择"楼梯类型"为 5，单击"创建楼梯"按钮，弹出如图 7-55 所示的对话框，设置好所有的参数后单击"创建单跑楼梯"按钮，单击一点确定放置位置，再单击一点确定方向。

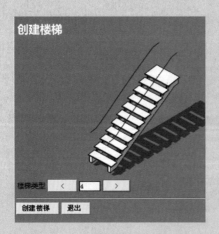

图7-52

图7-53

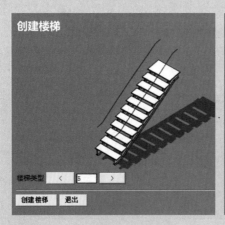

图7-54

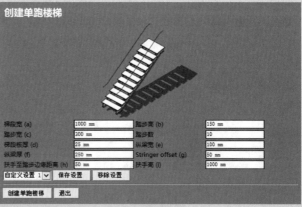

图7-55

类型 6

　　单击"创建楼梯"工具按钮,弹出如图 7-56 所示的"创建楼梯"对话框,选择"楼梯类型"为 6,单击"创建楼梯"按钮,弹出如图 7-57 所示的对话框,设置好所有的参数后单击"创建单跑楼梯"按钮,单击一点确定放置位置,再单击一点确定方向。

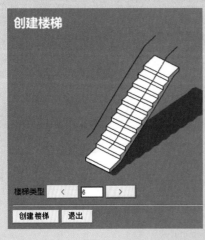

图7-56

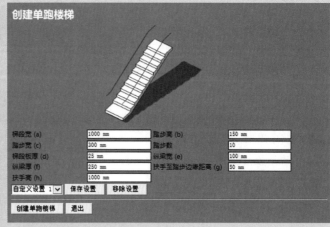

图7-57

类型 7

单击"创建楼梯"工具按钮，弹出如图 7-58 所示的"创建楼梯"对话框，选择"楼梯类型"为 7，单击"创建楼梯"按钮，弹出如图 7-59 所示的对话框，"左到右"和"右到左"单选按钮指这个双跑楼梯的上楼是沿着左边还是右边，具体情况具体分析。这里还有 3 种休息平台的种类，只要单击对应的平台种类，就会弹出预览对话框，如图 7-60~ 图 7-62 所示，对比一下就能看出区别。这里还有很多参数但是对话框没有标注出，此时单击参数后面的数字，就会出现这个参数的详细介绍。

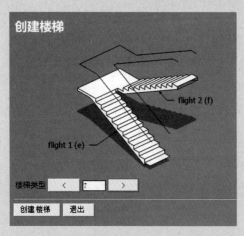

图7-58

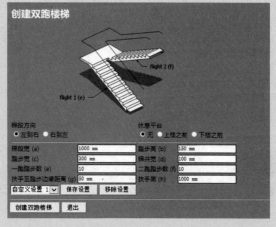

图7-59

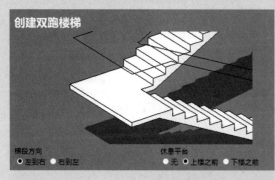

图7-60

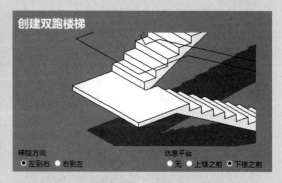

图7-61

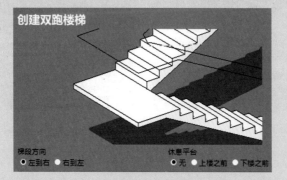

图7-62

类型 8

　　单击"创建楼梯"工具按钮，弹出如图 7-63 所示的"创建楼梯"对话框，选择"楼梯类型"为 8，单击"创建楼梯"按钮，弹出如图 7-64 所示的对话框，设置好所有的参数后单击"创建双跑楼梯"按钮，单击一点确定放置位置，再单击一点确定方向。

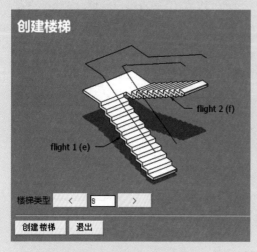

图7-63

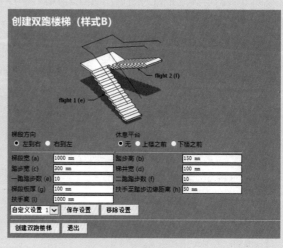

图7-64

类型 9

　　单击"创建楼梯"工具按钮，弹出如图 7-65 所示的"创建楼梯"对话框，选择"楼梯类型"为 9，单击"创建楼梯"按钮，弹出如图 7-66 所示的对话框，设置好所有的参数后单击"创建双跑楼梯"按钮，单击一点确定放置位置，再单击一点确定方向。注意：纵梁的宽和厚参数不同，造型有区别。

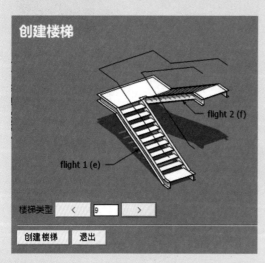

图7-65

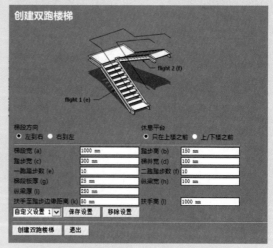

图7-66

类型 10

　　单击"创建楼梯"工具按钮，弹出如图 7-67 所示的"创建楼梯"对话框，选择"楼梯类型"为 10，单击"创建楼梯"按钮，弹出如图 7-68 所示的对话框，设置好所有的参数后单击"创建双跑楼梯"按钮，单击一点确定放置位置，再单击一点确定方向。

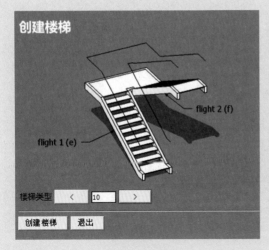

图7-67

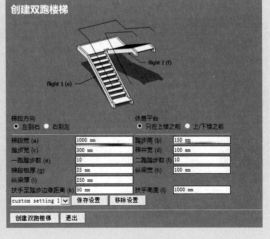

图7-68

类型 11

单击"创建楼梯"工具按钮，弹出如图 7-69 所示的"创建楼梯"对话框，选择"楼梯类型"为11，单击"创建楼梯"按钮，弹出如图 7-70 所示的对话框，设置好所有的参数后单击"创建螺旋楼梯"按钮，单击一点确定放置位置，再单击一点确定方向。

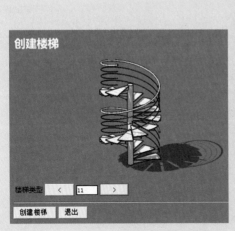

图7-69

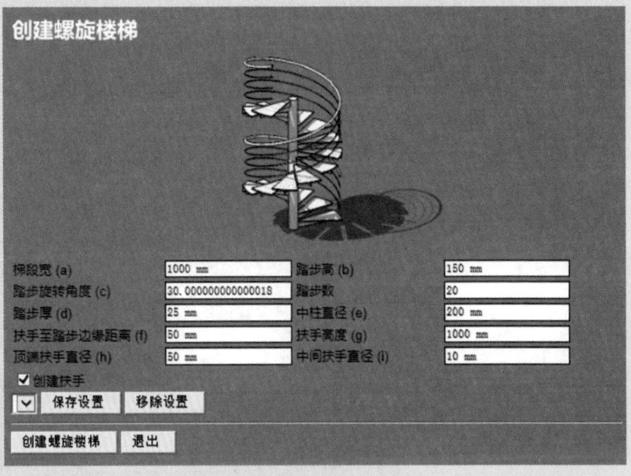

图7-70

类型 12

单击"创建楼梯"工具按钮，弹出如图 7-71 所示的"创建楼梯"对话框，选择"楼梯类型"为12，单击"创建楼梯"按钮，弹出如图 7-72 所示的对话框，设置好所有的参数后单击"创建螺旋楼梯"按钮，单击一点确定放置位置，再单击一点确定方向。这个也是螺旋楼梯，和第 11 种类型的楼梯有区别，有立板。

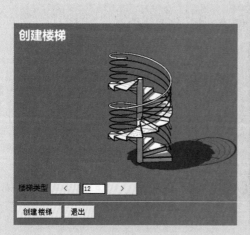

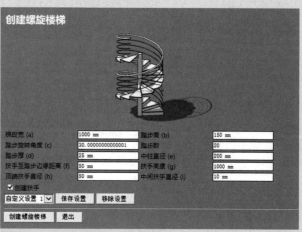

图7-71　　　　　　　　　　　　　　　　　　　　　图7-72

7.1.35　自动扶梯

　　"自动扶梯"工具 创建的自动扶梯的样式是固定的，调整参数包括"踏步宽（a）""侧板宽/厚（b）""层高"等。

　　单击"自动扶梯"工具按钮，会弹出如图7-73所示的"创建自动扶梯"对话框，输入"踏步宽（a）""侧板宽/厚（b）"参数，选中"拾取两点以确定层高"单选按钮，然后单击"创建自动扶梯"按钮，单击两点，这两点的距离就是层高。

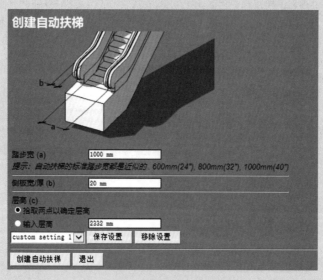

图7-73

　　选中"输入层高"单选按钮，并输入层高值，然后单击"创建自动扶梯"按钮，单击两点，这两点的横向距离就是扶梯到达的距离。

7.1.36 创建窗框

　　"创建窗框"工具 提供 3 种窗框类型——"矩形""倒角""凹凸边",如图 7-74~ 图 7-76 所示,选择一种类型的窗框,对话框会出现详细的参数介绍。"窗框位置"中提供"前""中""后"单选按钮,指生成的窗框以需要生成窗户的面参考,是在面的前、后,还是处于中间位置。

　　单击"创建窗框"工具按钮,会弹出"创建窗框"对话框,设置好参数后单击"创建窗框"按钮,然后单击一个面,生成窗框。

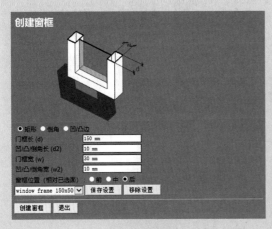

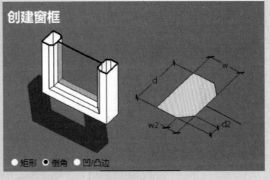

图 7-74 图 7-75

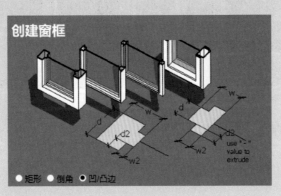

图7-76

7.1.37 创建门框

　　"创建门框"工具 提供 3 种门框类型——矩形、倒角、凹凸边,如图 7-77 所示,选择每一种类型门框,对话框都会出现详细的参数介绍,如图 7-78 和图 7-79 所示。"门框位置(相对已选面)"中包括"前""中""后"3 个单选按钮,指生成的门框以需要生成门框的面参考,是在面的前、后,还是处于中间位置。

　　单击"创建门框"工具按钮,会弹出"创建门框"对话框,设置好参数后单击"创建门框"按钮,然后单击一个面,即可生成门框。

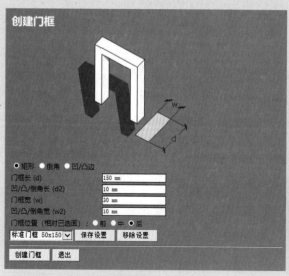

图7-77

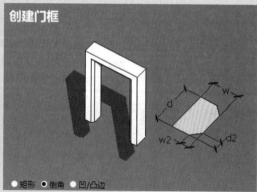

图7-78

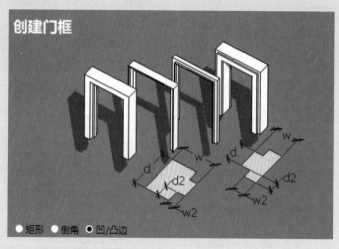

图7-79

7.1.38　创建门窗

"创建门窗"工具 一共提供7种门窗样式，单击"创建门窗"工具按钮，弹出如图7-80所示的"选择门窗样式"对话框，选择"门窗样式"为0，每种样式都对应很多参数，只要单击选择哪种样式，单击"下一步"按钮，就会弹出如图7-81所示的"门框"对话框。

首先选择门窗类型，"矩形的""倒角的""凹凸的"，选择任意一种类型都有详细的介绍，然后调整具体的参数，每种类型都不同，单击每个参数后面的数值会提示具体调整哪里。

每种门窗类型都有"面板位置"的设置，指门窗放置在相对于选择的面的前面、后面，还是中间。"墙体开洞并插入门框"复选框指挖洞插入；"生成玻璃/窗叶"复选框指是否生成玻璃或者窗叶。

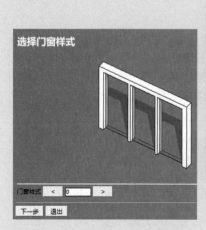

图7-80 图7-81

7.1.39 分割面板

"分割面板"工具 提供了"矩形框""倒角""凹凸边"3种类型,在"分割面板"对话框中选中相应的单选按钮,即可看到具体的区别,下面的具体参数相同。"分隔位置(相对已选面)"中的选项,指分割面板放置在相对选择的面的前面、后面,还是中间。具体的操作流程如下。

单击"分割面板"工具按钮,弹出如图7-82所示的"分割面板"对话框,设置好参数后单击"创建面板"按钮,然后单击需要分割的面即可,注意设置参数要合理,否则很容易出现问题。

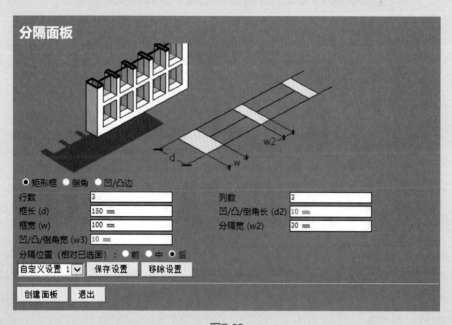

图7-82

7.1.40 栅格表皮

"栅格表皮"工具 🔲 可以在面上挖洞，单击"栅格表皮"工具按钮，弹出如图7-83所示的"创建栅格表皮"对话框，默认的形状是矩形，还有"开口宽（w）""开口高（h）""行间距（cs）""列间距（rs）"选项，具体指哪段距离如图7-84所示。"开口角"指挖洞要不要旋转，旋转多少度；"表皮厚度"指洞挖多深；"表皮的位置（相对已选面）"指生成的表皮以需要生成表皮的面参考，是在面的前、后，还是处于中间位置。具体的操作流程如下。

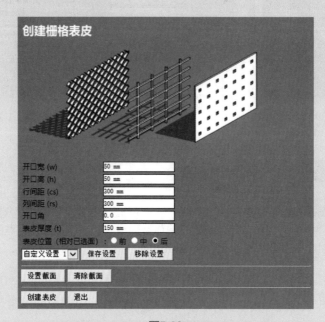

图7-83

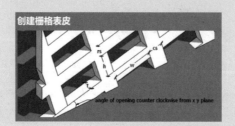

图7-84

单击"栅格表皮"工具按钮，然后设置好需要的参数，单击"创建表皮"按钮，单击需要生成的面即可，该工具可以穿过组选到面。

要注意的是，该工具不支持曲面，如果选择的是曲面，就无法生成了。当矩形不满足造型需求时，将参数都设置好后，单击"设置截面"按钮，选择一个已经绘制好的截面，再单击需要生成的面即可。

7.1.41 创建百叶

"创建百叶"工具 🔲 一共提供7种百叶类型，每种百叶都大同小异，参数相同。

单击"创建百叶"工具按钮,会弹出如图 7-85 所示的"创建百叶"对话框,然后在"百叶样式"中选择一种样式,设置好参数后单击"创建百叶"按钮,单击一个面即可。如果这些截面都不符合需求,就单击"设置截面"按钮,然后单击一个准备好的截面,再单击一个面即可。

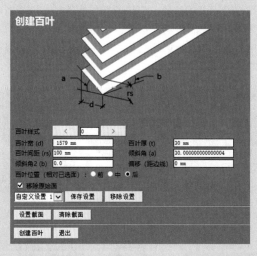

图7-85

7.1.42　路径成体

"路径成体"工具 提供的截面类型一共有 5 种。单击该工具按钮,弹出如图 7-86 所示的"路径成体"对话框,选择"截面类型"为 0,截面参数只有长和宽,复杂的截面也没有详细的参数可以设置,是固定的。在"开始"选项区域中的"线的中心""线的上方""线的下方"单选按钮,控制生成的模型相对于路径线的位置。具体的操作流程如下。

首先选择线,也可以将线和面都选中,工具会自动识别线,单击"路径成体"工具按钮,会弹出"路径成体"对话框,选择截面类型,设置好截面的宽和长,选择生成的模型相对于线的位置,单击"创建实体"按钮。如果没有合适的截面,可以单击"设置截面"按钮,然后单击一个准备好的截面即可。

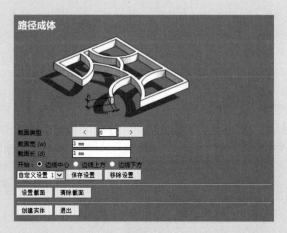

图7-86

7.1.43 屋顶椽条

单击"屋顶椽条"工具按钮，会弹出如图 7-87 所示的"创建屋顶椽条"对话框，该工具一共提供 7 种类型的截面，每种类型都有相同的参数，但是所指位置不同，选择对应椽条种类，单击对应的参数就可以在图中看到指的是哪段距离。"设置"选项区域中的"从外边沿"指面的边沿，"从面中心"指从面的中心线开始，"从拾取点"控制椽条的位置，和生成的面有关，指在确定哪个面之后拾取点生成椽条时单击的位置，具体的操作流程如下。

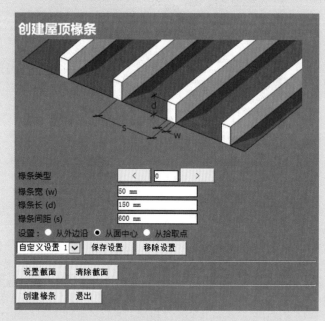

图7-87

单击"屋顶椽条"工具按钮，弹出"创建屋顶椽条"对话框，设置好参数后单击"创建椽条"按钮，然后单击需要生成的面，拾取点，这里的点指"从拾取点"，然后单击确定椽条的方向即可。

如果工具提供的椽条形状都不符合要求，设置好间距后，单击"设置截面"按钮，然后单击已经画好的截面，然后就和直接单击创建椽条的操作相同，单击需要生成的面，拾取点，单击一个位置确定方向即可。

7.1.44 屋顶檩条

"屋顶檩条"工具可以同时创建椽条和檩条，单击该工具按钮，会弹出如图 7-88 所示的"创建屋顶椽条 / 檩条"对话框，椽条和檩条的类型都有 4 种，可以选择不同的类型搭配创建，但是和"屋顶椽条"工具不同的是，不能自行添加截面，只能使用软件自带的样式。具体的操作流程如下。

首先选择需要生成的面，单击"屋顶檩条"工具按钮，弹出"创建屋顶椽条 / 檩条"对话框，选择椽条和檩条的类型，设置好对应的参数，单击"创建椽条 / 檩条"按钮即可。

SketchUp 2022草图绘制标准教程

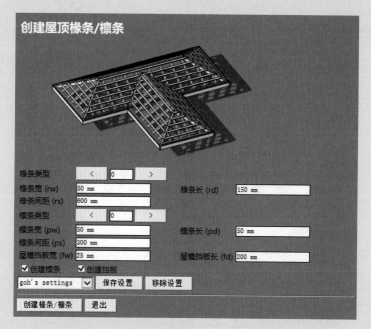

图7-88

7.1.45　坡屋顶

选中需要生成的面，单击"坡屋顶"工具按钮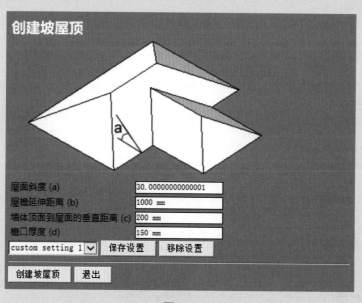，会弹出如图 7-89 所示的"创建坡屋顶"对话框，单击参数后面的数值就可以看到指的是哪里，调整好参数后，单击"创建坡屋顶"按钮即可。

图7-89

7.1.46　金属屋顶

这里的金属屋顶指的就是模型造型，和材料无关。"金属屋顶"工具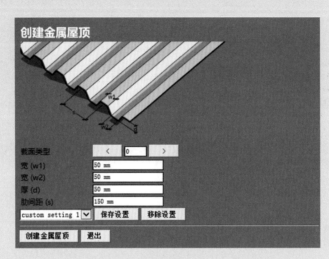提供了3种造型，具体的操作流程如下。

选中需要生成的面，单击"金属屋顶"工具按钮，会弹出如图7-90所示的"创建金属屋顶"对话框，单击参数后面的数值，图示中会有详细的介绍，指出这个参数控制的是哪个位置，设置好参数后，单击"创建金属屋顶"按钮即可。

图7-90

7.1.47　平整地形

"平整地形"工具和"沙箱"中的"曲面平整"工具类似，只是操作方法不同，具体的操作流程如下。

先选中地形，单击"平整地形"工具按钮，然后先单击在地形上方的面，再单击地形，单击拖动鼠标左键确定提升的高度。

7.1.48　投影边线

"投影边线"工具和"沙箱"中的"曲线投射"工具类似，只是操作方法不同，具体的操作流程如下。

先选中地形，单击"投影边线"工具按钮，然后单击在地形上方的面，就会把面的边线投射到地形上了。

7.1.49　等高线

"等高线"工具可以让地形生成等高线，直接单击该工具按钮，然后拾取参考点，会弹出对话框，输入"水平"和"高差"值后，单击"确定"按钮即可。

7.2 超级工具集——JHS PowerBar

超级工具集的英文名称为 JHS PowerBar，如图 7-91 所示，本节讲解的内容包含其 39 种功能。

图7-91

7.2.1 AMS 增强柔化

单击"AMS 增强柔化"工具按钮，会弹出如图 7-92 所示的对话框，选中相应的复选框，然后向右拖动滑块就会柔化平滑边线，向左拖动滑块效果相反。

图7-92

这些功能也可以用 SketchUp 自带的工具实现，可以直接三击模型并右击，在弹出的快捷菜单中选择"柔化 / 平滑边线"选项，然后到默认面板中拖动滑块。不过使用插件要更方便，一次直接选中所有需要柔化的模型，直接拖动滑块即可。

单击"反柔化成四边形网格"按钮，可以把三角面变成四边面，在 SketchUp 中有很多伪四边面，都是由三角形构成的，这个功能就是使其中的线变成四边面。这里只要选择模型，单击"AMS 增强柔化"工具按钮，再单击"反柔化四边形网格"按钮即可。

7.2.2 AMS 增强柔化

选中需要柔化的模型，单击"AMS 增强柔化"工具按钮即可。

7.2.3　轻度柔化

"轻度柔化"工具 ◆ 用于轻度柔化边线。直接选中需要柔化的模型，单击"轻度柔化"工具按钮即可。

7.2.4　重度柔化

"重度柔化"工具 ◆ 可以实现完全柔化。直接选中需要柔化的模型，单击"重度柔化"工具按钮即可。

7.2.5　取消柔化

"取消柔化"工具 ◆ 可以取消柔化 / 平滑边线。直接选中需要取消柔化的模型，单击"取消柔化"工具按钮即可。

7.2.6　平滑成四边面网格

"平滑成四边面网格"工具 ◆ 可以将模型平滑成四边面网格，将三角面变成四边面。在 SketchUp 中有很多伪四边面，都是由三角形构成的，使用该工具可以使线柔化为四边面。直接选中需要柔化的模型，单击"平滑成四边面网格"工具按钮即可。

7.2.7　直立跟随

"直立跟随"工具 ◆ 可以实现路径跟随，和 SketchUp 自带的"路径跟随"工具类似，只是比自带的"路径跟随"工具计算能力强大。具体的操作流程如下。

直接选中路径线和截面，然后单击"直立跟随"工具就直接生成了，这里路径和截面可以不放在一起，可以有一定的距离，放样的是截面，最后路径依然存在。

7.2.8　生成面域

直接单击"生成面域"工具按钮 ▣ ，它会将当前层级没有封面的模型都封上，该工具不能穿透组层级。也可以先选中需要封面的部分再单击该工具按钮，此时就只封闭选中的面。

操作时要注意，这里是不支持封曲面的，还有面本身有问题也封不上，例如中间有断点的地方、线没有完全连接，还有如这条线连接起来不能构成一个面的就不行，原因比较多。

7.2.9　连续偏移线段

"连续偏移线段"工具 ▤ 用于偏移线段，可以连续使用，但不支持多条线段。例如矩形的一圈线就不行，而且曲线也不支持。具体的操作流程如下。

单击"连续偏移线段"工具按钮，然后单击需要偏移的线段，拖动鼠标并单击即可，也可以输入数值并按 Enter 键。

7.2.10 拉线成面

点动成线，线动成面，面动成体，这里指的就是线动成面，"拉线成面"工具 ⬚ 就可以拉动线成面。首先选中需要拉动的线，然后单击"拉线成面"工具按钮指定一个基点，这里可以单击线的端点，然后再单击一个位置确定拉到哪个位置。

7.2.11 沿路径挤出矩形

"沿路径挤出矩形"工具 ⬚ 可以将线转换为方柱，先选中线，然后单击"沿路径挤出矩形"工具按钮会弹出如图 7-93 所示的对话框，其中包括矩形的"对齐方式"，还有"矩形宽度"和"矩形高宽"参数，设置完毕后，单击"好"按钮，此时有一个提示："是否在这端挤出矩形"，查看路径线的端口出现的矩形在哪里，如果合适就单击"是"按钮，不合适就单击"否"按钮，软件会生成另一段。

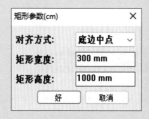

图7-93

7.2.12 路径成管

"路径成管"工具 ⬚ 和"路径跟随"工具类似，但只能是圆形的，其中是一个同心圆。选择路径后单击"路径成管"工具按钮，会弹出如图 7-94 所示的对话框，其中的"圆管外径"设置就是整个圆管的直径；"圆管内径"指内部空管的直径；"圆的段数"值越大圆就越光滑；"添加节点？"指在生成之后路径是否在每段线之间生成点；"路径图层"可以为路径线添加一个图层；"组含路径？"指生成的管是一个组，要不要包含路径线。设置完毕后单击"好"按钮即可。

图7-94

7.2.13　线转圆柱

　　"线转圆柱"工具 和"路径跟随"工具类似，但只能是圆形的，而且计算能力比较强。

　　选择路径后单击"线转圆柱"工具按钮，会弹出如图 7-95 所示的对话框，其中"节点连续"可以控制生成的圆柱是不是一段一段的，它会依据给的路径进行判断，如果路径是三段线构成的，这个圆柱就是 3 段的，中间会有一圈线；"创建群组"指这个整个圆柱是不是一个群组；"单独成组"指节点不连续的圆柱会出现一段一段的特征，是否需要成组；"材质"可以选择一个圆柱的材质；"截面直径"设置圆柱的直径；"截面段数"指边数，数值越大越接近圆。设置好参数单击"好"按钮即可。

图7-95

7.2.14　沿路径间距阵列

　　"沿路径间距阵列"工具 可以沿着路径按照设定的距离阵列。单击"沿路径间距阵列"工具按钮，然后选择路径，可以是直线也可以是三维曲线，再选中群组或者组件即可。此时界面右下角会出现"间距"控件，不要拖动鼠标，直接输入数值并按 Enter 键，模型就会发生变化。如果效果不满意，可以再输入数值按 Enter 键调整，确定效果后按空格键退出。

7.2.15　沿红轴居中对齐

　　"沿红轴居中对齐"工具 可以把选中的模型沿红轴居中对齐，操作时最好将模型各自成组，否则可能会出错。选中需要对齐的模型，单击"沿红轴居中对齐"工具按钮即可。

7.2.16　沿绿轴居中对齐

　　"沿绿轴居中对齐"工具 可以将选中的模型沿绿轴居中对齐，操作时最好将模型各自成组，否则可能会出错。选中需要对齐的模型，单击"沿绿轴居中对齐"工具按钮即可。

7.2.17　沿蓝轴居中对齐

　　"沿蓝轴居中对齐" ，可以将选中的模型沿蓝轴居中对齐，操作时最好将模型各自成组，否则可能会出错。选中需要对齐的模型，单击"沿蓝轴居中对齐"工具按钮即可。

7.2.18　落至于面

　　"落至于面"工具🔺可以将模型群组或者组件放置在离 Z 轴方向最近的面上，这个面必须在模型下方，并且这个面会被其他模型挡住。

　　直接选中在面上的群组或者组件，单击"落至于面"工具，此时那些群组或者组件都会落到面上，这里的面也可以是曲面，不一定是平面。注意：如果一次没做好，想要撤销，是逐个模型恢复的，如果模型多，撤销会非常麻烦，甚至无法实现，所以在不确定结果的情况下，要在场景中提前备份模型。

7.2.19　放置标高

　　"放置标高"工具🔺可以将选中的群组或者组件模型放置在指定标高上，这里的高度相对于坐标轴原点。

　　选中需要放置的群组或者组件，单击"放置标高"工具，会弹出如图 7-96 所示的对话框，输入需要放置的标高，单击"好"按钮即可。

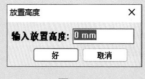

图7-96

7.2.20　镜像物体

　　"镜像物体"工具⚠️可以镜像模型并且保留原来的模型。首先选中需要镜像的模型，可以不成组，单击"镜像物体"工具按钮，然后先后单击 3 个点，确定一个面，这个面就是确定镜像的面，单击第 3 个点后镜像复制完成。

7.2.21　焊接线条

　　"焊接线条"工具🔗可以把连续的线段焊接成一条线，不仅是直线，还可以是曲线。该工具不支持不连续的线，例如，画一条线，旁边再画一条线，就不能变成一条线。

　　画一条直线，选中直线并右击，在弹出的快捷菜单中选择"拆分"选项，拆分几份，单击这条直线就是一段一段的。选中所有的线，单击"焊接线条"工具按钮，这些线已经变成一条线了。

　　画一条圆弧，选中圆弧并右击，在弹出的快捷菜单中选择"分解曲线"选项，单击这条圆弧就是一段一段的。选中所有的线，单击"焊接线条"工具按钮，这条圆弧变成原来整体的样子。

7.2.22　取消焊接

　　"取消焊接"工具🔗可以将线拆开。例如，画一段圆弧，选中后单击"取消焊接"工具按钮，这条圆弧就变成一段段的了。

7.2.23　依据数量和长度把曲线等分

"依据数量和长度把曲线等分"工具可以将选中的线段依据数量和长度进行曲线等分，这里有两种方式，一种是"按照线的长度等分"，另一种是"按照线的数量等分"。

选中线段，单击"依据数量和长度把曲线等分"工具按钮，会弹出如图 7-97 所示的对话框，在这里选择是按照数量还是按照长度等分，并输入分成几段，然后单击"好"按钮即可。

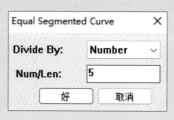

图7-97

7.2.24　参数移动

"参数移动"工具可以将模型移动固定的距离。首先选中需要移动的模型，单击"参数移动"工具按钮，在界面右下角出现 Distance 文本框，输入每次移动的距离，然后按键盘上的方向键，该模型就会向指定方向平移。每次移动的距离就是在 Distance 文本框输入的数值，在移动的中途也可以直接输入数值更改，然后按方向键确认方向。

7.2.25　三维对齐

"三维对齐"工具可以在三维空间中对齐模型。首先选中需要对齐的模型，然后单击"三维对齐"工具，在模型上单击 3 个点，确定一个面，然后再单击 3 个点，确定最后移动到的位置，注意前面 3 个点和后面 3 个点的顺序是对应的，确定的面的大小不同不会缩放，只会按顺序移动。

7.2.26　三维旋转

"三维旋转"工具可以连续旋转模型两次。选中需要旋转的模型，单击"三维旋转"工具按钮，然后单击一点作为旋转基点，再单击一点与基点之间形成对齐方向，再单击一点也会和基点形成一个方向，将之前的对齐方向转到这个方向，再连续单击两个点，分别与基点确定角度关系即可。

7.2.27　绕轴旋转物体

"绕轴旋转物体"工具实现的也是旋转模型，区别是绕轴旋转，用键盘控制角度。选中需要旋转的模型，可以不是群组或者组件，然后单击"绕轴旋转物体"工具按钮，在绘图区的左上角出现坐标提示，如图 7-98 所示，显示什么颜色代表绕哪个轴旋转，可以按键盘的方向键切换，还可以按键盘上的方向键控制旋转角度，每按一次旋转一次，在界面右下角控制每次旋转的角度，可以直接输入数值并按Enter键确定，然后继续按方向键旋转。

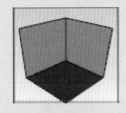

图7-98

7.2.28 随机缩放

"随机缩放"工具可以将很多模型随机缩放。例如，画一个矩形并成组，并移动复制出来，然后阵列多个。选中这些模型，单击"随机缩放"工具按钮，可以多单击几次，可以看到这些模型都进行了随机的缩放。

7.2.29 随机旋转

"随机旋转"工具可以将多个模型随机旋转。例如，画一个矩形并成组，并移动复制出来，然后阵列多个。选中这些模型，单击"随机旋转"工具按钮，可以多单击几次，可以看到这些模型都进行了随机旋转。

7.2.30 随机旋转缩放

"随机旋转缩放"工具可以将多个模型随机旋转并缩放。例如，画一个矩形并成组，并移动复制出来，然后阵列多个。选中这些模型，单击"随机旋转缩放"工具按钮，可以多单击几次，可以看到这些模型都进行了随机旋转和缩放。

7.2.31 组件代理开关

"组件代理开关"工具可以将组件变成线框再变回实体。

例如，画一个正方体，做成组件，这里一定是组件，不能是群组，然后单击"组件代理开关"工具按钮，选择组件就会看到组件变成了线框，再单击一次组件线框，会变回实体，也就是取消了代理。

再如，画一个柱子和一个正方体，分别做成组件，然后把两个组件复制几份。这里想一次把所有的柱子组件替换成线框，单击"组件代理开关"工具按钮，按住 Alt 键或者 Ctrl 键单击柱子组件，这样所有相同的组件就变成了线框。

如果要把柱子和正方体组件都变为线框，如何才能一次都显示出来呢？单击"组件代理开关"工具按钮后，可以按住 Shift 键单击线框，即可一次全部取消代理。如果想把同一类型组件取消代理，就按住 Alt 键单击线框，这样所有的同一组件都会取消代理。

7.2.32 组件替换

"组件替换"工具 可以将组件替换成其他组件。

例如，画一个柱子和一个正方体，分别做成组件，然后把两个组件都复制几份出来。单击"组件替换"工具按钮，然后按住 Alt 键单击柱子，也就是选取用来替换的组件，然后再去单击正方体，此时这个正方体就被替换成了柱子，如果是按住 Ctrl 键单击正方体，那么所有的正方体都会被替换。

7.2.33 FFD 3*3*3

FFD 3*3*3 工具 可以在模型上生成点，通过对这些点的调整，完成对模型的变形。该工具生成的点是 3×3×3 个，还有其他插件可以生成其他任意数量的点。

首先要将模型成组。选中组模型，单击 FFD 3*3*3 工具按钮，模型上会生成黑点，这些黑点是一个组，双击黑点进入 FFD 点组中，可以对这些点进行移动或旋转等操作，从而调整模型的状态。

由于这里的 FFD 点是一个组，有时因为点不容易双击进入组中，所以可以到"管理目录"中找到 FFD 组，双击进入组中。

7.2.34 生成网格讲解

"生成网格"工具 可以为面生成网格对角线，也就是矩形中间的对角线，如图 7-99 所示。

选择一个面，注意这里不要选中线，也不要选中曲面，该工具是不支持曲面的，然后单击"生成网格"工具按钮，会弹出如图 7-100 所示的对话框，其中的"单元尺寸"参数控制生成的正方形的边长，"网格角度"参数控制生成的正方形的角度，设置好参数后单击"好"按钮即可。

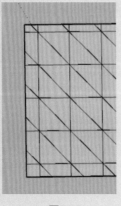

图7-99

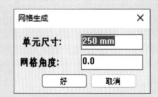

图7-100

7.2.35 平面细分

"平面细分"工具 可以将面以三角面的形式分割成几份，该工具不支持曲面。选中面，单击"平面细分"工具按钮，会弹出如图 7-101 所示的对话框，设置"分格数"，但不要输入得过大，单击"好"按钮即可。

图7-101

7.2.36 四边面分割

"四边面分割"工具 可以将面分割成相同大小的矩形，例如设置"分格数"为 10，就会把这个面分割成横向 10 个矩形，纵向 10 个矩形。

选中面单击"四边面分割"工具按钮，会弹出如图 7-102 所示的对话框，在"分割数"文本框中输入数值，单击"好"按钮即可。注意，该工具也不支持曲面。

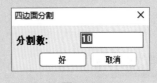

图7-102

7.2.37 画点

"画点"工具 就是用来画点的。单击"画点"工具按钮，然后在模型上单击，就会出现点。注意不要在空白区域单击，否则无法完成操作。

7.2.38 连点成线

"连点成线"工具 承接"画点"工具的操作，将点直接成线。单击"连点成线"工具即可将之前画的点连接起来。

7.2.39 点转组件

"点转组件"工具 可以将点替换成组件。选择一个组件和需要转换的点，然后单击"点转组件"工具按钮，直接将点替换成组件。

7.3 坯子助手——Pizitoos

"坯子助手"的英文名称为 Pizitoos,如图 7-103 所示为"坯子助手"的工具栏。本节讲解的内容包括绘制墙体、空间曲线、太阳北极等。

图7-103

7.3.1 绘制墙体

单击"绘制墙体" 工具按钮,绘图区左下角会出现提示,如图 7-104 所示,按下 Tab 键会弹出对话框,设置墙体的厚度,默认为 200mm,单击"好"按钮,即可开始绘制。按 Ctrl 键可以切换基线,绘制完成后按空格键结束操作,然后还需要推拉处理。

坯子助手提醒:当前墙厚=200 mm [TAB]键=修改参数 [CTRL]键=切换基线 [鼠标右键]=取消连续绘制

图7-104

7.3.2 参数开窗

"参数开窗"工具 可以直接一键生成简单的窗户,如果要做复杂的造型只能手动绘制。先选中需要生成窗户的面,单击"参数开窗"工具按钮,在弹出的如图 7-105 所示的对话框中设置参数,然后单击"应用"按钮即可。

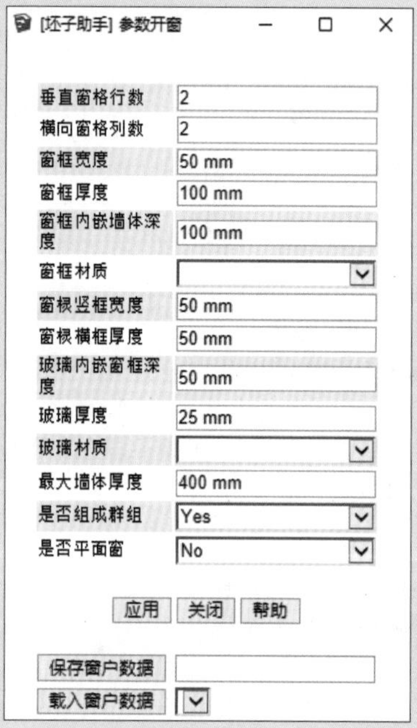

图7-105

7.3.3　参数楼梯

　　"参数楼梯"工具 ✏ 采用"坯子库"中的参数楼梯，与 1001bit 建筑插件集中的楼梯差不多，如果需要画楼梯，建议使用 1001bit 完成，其中每个参数都带有图片说明。

　　单击"参数楼梯"工具按钮，在弹出的如图 7-106 所示的对话框中选择一种楼梯类型，单击"好"按钮，会出现楼梯参数，设置完毕后单击"确定"按钮，在绘图区单击即可直接生成。

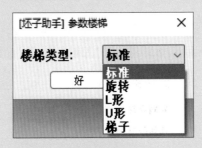

图7-106

7.3.4　梯步推拉

　　单击"梯步推拉"工具按钮 ▰▰▰，在弹出的对话框中输入推拉的距离，如 100mm，然后单击第一个面就推拉 100mm，单击第二个面就推拉 200mm，以此类推。

7.3.5　Z 轴压平

　　"Z 轴压平"工具 ♨ 较为常用，可以将 CAD 图纸文件导入 SketchUp 中。面对制作不规范的 CAD 图纸，例如，CAD 文件中没有将线的 Z 轴归零，导致导入后 Z 轴高度不是零，此时选中图纸，单击"Z 轴压平"工具按钮即可解决。在依据图纸建模时，这一步必须要做。

7.3.6　修复直线

　　在导入 CAD 图纸后，要用"修复直线"工具 ▰▰▰ 对图纸进行修复。

　　例如，画一条直线，将这条直线拆分为一段一段的，然后选中直线，单击"修复直线"工具按钮，直线又变成一个整体了。该工具和"焊接"工具不同，"焊接"工具是把不同的线做成一个整体，而该工具处理后还是直线，只是修复为本来的状态。再如，连续画两段线，然后拆分再修复，还是两条直线，不像"焊接"工具处理的那样，变成一个整体。

7.3.7　选连续线

　　单击"选连续线"工具按钮 ✈，再单击线条，选择连续的线段，如果遇到线段端点有分叉就会停止。

7.3.8　焊接线条

"焊接线条"工具 可以将连接的线段焊接成一个整体。选中需要焊接的线条，单击"焊接线条"工具按钮即可。

7.3.9　贝兹曲线

"贝兹曲线"工具 就像"经典贝兹曲线"工具的简化版，画线操作相同，只是双击完成后不能编辑，可以按 Tab 键调出如图 7-107 所示的对话框，设置"控制点数"和"曲线段数"后，单击"好"按钮即可。

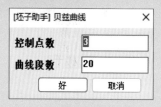

图7-107

7.3.10　空间曲线

"空间曲线"工具 可以将二维曲线转变为三维曲线，操作完成后还可以进行缩放调整。直接选中曲线，单击"空间曲线"工具按钮即可。

7.3.11　查找线头

单击"查找线头"工具按钮 ，界面左上角会出现"开口端"文本框，提示当前有多少没有闭合的线头，并且每个线头都会用蓝色圆点标记出来。单击蓝色圆点可以依据容差将线延伸并封闭，延伸的距离不会超过容差值，但是容差值不能设置得太大，否则容易延伸到其他地方。

可以直接设置容差值，单击"查找线头"工具按钮后，在界面右下角可以设置距离，也就是设置容差值。也可以按 Tab 键，调出如图 7-108 所示的对话框，其中含有"容差"和"删除比容差短的线头"选项，这里要特别注意，在"删除比容差短的线头"下拉列表中，如果选择 Yes 选项，就会把那些连不上而且比容差小的线删除。

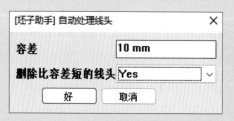

图7-108

7.3.12 拉线成面

"拉线成面"工具█可以"线动成面"。首先选中需要拉动的线，然后单击"拉线成面"工具按钮，指定一个基点，可以单击线的端点，再单击一个点确定拉到哪个位置。

7.3.13 路径垂面

"路径垂面"工具🖊可以将面垂直放在线上。单击"路径垂面"工具按钮，然后选择一个面，并单击线，这个面就垂直出现在单击线的位置上了。

7.3.14 多面偏移

单击"多面偏移"工具按钮❖，弹出如图7-109所示的对话框，其中有3种偏移方式："常规""叠加""序列"。

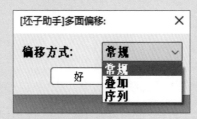

图7-109

选择"常规"选项，在弹出的如图7-110所示的对话框中可以设置"次数""距离""方向"等参数，这些都需要合理设置。选中"叠加"或"序列"选项，也会弹出如图7-111和图7-112所示的对话框。

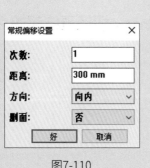

图7-110

图7-111

图7-112

7.3.15 批量推拉

SketchUp自带的"推拉"工具不能一次推拉多个面，但"批量推拉"工具❖支持一次推拉多个面。

先选中需要推拉的面，单击"批量推拉"工具按钮，再单击确定推拉的起始点，这个可以在任意位置，然后单击终点，注意终点是相对于起点的，而不是相对于面的。

7.3.16 滑动翻面

"滑动翻面"工具 和"翻转平面"工具类似，单击"滑动翻面"工具按钮，单击拖动，鼠标指针经过的反面都会翻转成正面。

7.3.17 快速封面

单击"快速封面"工具按钮 ，会将当前的层级没有封面的全部封上，该工具是不能穿透组层级的。也可以先选中需要封面的部分，再单击"快速封面"工具按钮，此时只封选中的面。

注意，"快速封面"工具不支持封曲面，还有面本身就有问题也封不上，例如中间有断点的地方、线没有完全连接上，还有这个线连接起来都不是构成一个面的都不行，原因比较多。

7.3.18 形体弯曲

"形体弯曲"工具 可以将模型按照曲线变形，该工具也支持三维曲线。

首先准备需要变形的模型，这个模型必须是群组或者组件，至于组中的关系没有要求，可以放群组或组件，只是最外面必须是群组或者组件。然后需要一条沿着红轴的直线，这个直线最好和模型的长度相同，当然不同也可以，然后准备一条曲线，模型就是依照这条曲线变形的。准备好后，选中模型，单击"形体弯曲"工具按钮，然后选中沿红轴的直线，最后选中曲线，此时出现模型预览，如果不理想，可以按上下方向键、Home键和End键来更改模型生成的形状，在绘图区左下角有相关提示，如图7-113所示。

[Enter] = 执行、[↑/Home] = 切换曲线起始点、[↓/End] = 切换直线起始点

图7-113

7.3.19 路径阵列

"路径阵列"工具 支持沿任意路径阵列，包括直线、曲线、三维曲线，但要注意组件的坐标轴方向，当发现模型阵列的方向有误，就需要调整组件的坐标轴方向来控制阵列结果。

首先选中一条线，然后单击"路径阵列"工具按钮，再选中模型即可。建议操作的对象是组件，这样更容易控制结果。

7.3.20　线转柱体

　　"线转柱体"工具 ━━ 可以使线放样成圆柱或方柱。单击"线转柱体"工具按钮，会弹出如图 7-114 所示的对话框，首先选择"柱体类型"为圆柱或方柱。"焊接曲线"选择是或者否，这里并不是真的去焊接路径，而是把路径当成一个整体生成模型，如果选择"否"，路径也不是一条整的路径，生成的模型会是一段段的。设置"直径／边长"值，这里指的是圆的直径或者方柱的边长。使用该工具生成的柱体是空心圆柱，"圆管壁厚"指圆柱（管）的壁厚。"圆柱段数"控制截面的段数，数值越大柱面越光滑。

图7-114

7.3.21　Z 轴放样

　　"Z 轴放样"工具 ✔ 相当于 SketchUp 自带的"放样"工具的加强版，使用该工具放样的截面不在路径上也可以放样出模型，而且面对弯曲度比较大的复杂曲线，使用该工具可以放样出正确的模型。选中截面和路径，单击"Z 轴放样"工具按钮即可直接生成。

7.3.22　模型切割

　　"模型切割"工具 ✔ 就是用来切割模型的。单击"模型切割"工具按钮后，单击模型上的 3 个点，以这 3 个点确定一个平面进行切割。这里要设置是否穿透组层级，按下方向键可以切换，操作过程中，界面左下角也会有相关的操作提示，如图 7-115 所示。

模式:分隔|是否穿透组:穿透([↓] = 切换) | 添加剖面 | 3点设置平面（[鼠标右键] = 设置）选择第一点

图7-115

7.3.23　组件下落

　　"组件下落"工具 ▥▥ 可以将模型群组或者组件放置在离 Z 轴方向上最近的面上，但面必须在模型下方，并且模型在下落的过程中是会被其他模型挡住的。

　　选中在面上的群组或者组件，单击"组件下落"工具按钮，然后那些群组或者组件都会落到面上，这里的面也可以是曲面。注意：如果一次没做好，想要撤销，是逐个模型恢复的，如果模型多就很难恢复，所以在不确定结果的情况下，建议在场景中先备份模型。

7.3.24 组件置顶

"组件置顶"工具 🏛 可以将组件或者群组拉伸到顶部的面。选中组件或者群组和顶部的面，然后单击"组件置顶"工具按钮即可。

7.3.25 物体镜像

"物体镜像"工具 ⏶ 可以保留原来的物体并镜像。首先选中需要镜像的模型，可以不成组，然后单击"物体镜像"工具按钮，连续单击 3 个点，3 个点确定镜像的面，镜像复制完成。

7.3.26 随机选择

"随机选择"工具 ⁙ 在选择多个物体进行操作的时候经常用到。选中模型，单击"随机选择"工具按钮，会弹出如图 7-116 所示的对话框，可以更改"随机值"，自动选中对应百分比的数量，如果对生成的结果不满意，就单击"重新生成"按钮，如果发现之前选中的数量有误，就重新操作。

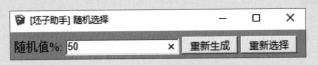

图7-116

7.3.27 材质替换

"材质替换"工具 ▮ 可以用来替换材质，在面对复杂的场景时，可以一次替换所有同一种材质，而且还保留原有材质的图像高宽比。

单击"材质替换"工具按钮，先选择被替换的材质 A，然后选择用来替换的材质 B，场景中所有的材质 A 都会被替换成材质 B。该工具无视组层级，所以场景中所有的材质都会被替换。

7.3.28 太阳北极

"太阳北极"工具 ⏶ 用来设置太阳北极的方向。单击"太阳北极"工具按钮，鼠标指针出现十字线，如图 7-117 所示，比较黑的那条线所指的方向就是北极方向，然后单击两点确定新的北极方向。

图7-117

7.3.29　模型清理

在 SketchUp 中直接删除模型、材质、组、剖面、点、样式、图层、文本、标注等，其实并没有彻底删除，导致文件尺寸非常大，可以到"系统设置"中单击"清理未使用项"按钮，也可以直接单击"模型清理"工具按钮 ，此时会将没有彻底删除的图元彻底删除干净。

7.3.30　坯子模型库和检查更新

单击"坯子模型库"工具按钮 ，可以打开模型库。

单击"检查更新"工具按钮 ，可以更新坯子助手。

7.4　习题

7.4.1　单选题

1. 如何快速获得两个点之间的信息？（　）

A. 使用 1001bit 中"两点信息"工具。

B. 选中两个点，右击并在弹出的快捷菜单中选择"模型信息"选项。

2. 在 SketchUp 中如何使用 1001bit 插件精确绘制点？（　）

A.SketchUp 自带的功能也可以画点。

B. 用 1001bit 中的"面定位点"工具可以精确画点。

C. 用 1001bit 中的"标记圆心"工具可以精确画点。

3. 在 1001bit 插件中如何快速找到圆心？（　）

A. 用 1001bit 中的"标记圆心"工具可以快速找到圆心。

B. 依据圆是多边形的特点和几何性质，连接端点就可以找到圆心。

4. 如何把一个三维模型对齐？（   ）

A. 移动、旋转模型放到对应的位置。

B. 使用 1001bit 插件中的"对齐所选"工具。

C. 使用 1001bit 插件中的"移动端点"工具。

5. 如何在 SketchUp 中精确画出垂直线？（   ）

A. 直接用"直线画"工具，在接近垂直的地方会有垂直符号的提示，此时单击即可。

B. 使用 1001bit 插件中的"画垂直线"工具，可以随意画垂线，面和线也可以。

6. 1001bit 插件的哪个功能可以按照原来的轮廓趋势推拉？（   ）

A. 锥形拉伸。

B. 联合推拉。

C. 跟随推拉。

D. 超级推拉。

7. 1001bit 中的路径阵列如何才能让阵列的对象在路径上阵列？（   ）

A. 将模型组放在路径的开始点上，选中模型和路径并执行命令，单击阵列的基点，这里要单击路径开始点，然后单击路径的端点。

B. 选中模型和路径并执行命令，单击阵列的基点，这里要单击路径开始点，然后单击路径的端点。

C. 选中模型和路径并执行命令，单击阵列的基点，然后单击路径的端点。

8. 导入的 CAD 图纸没有封面，如何使用插件生成面域？（   ）

A. 导入图纸之后，直接单击"生成面域"工具按钮，即可快速把面封好。

B. 导入图纸后会是一个组，所以双击进入，检查其中还有没有组，如果有就要炸开。如果图纸没问题，直接单击"生成面域"工具按钮就封好了。

C. 选中需要封面的地方，单击"生成面域"工具按钮即可。

9. 有一条很复杂的曲线，如何将其拉成面？（   ）

A. 直接用 JHS PowerBar 插件集中的"拉线成面"工具。选中曲线，单击"拉线成面"工具按钮，再单击面的位置即可。

B. 复制一条曲线，放在需要成面的终点位置，然后直接连接两条曲线就生成面了。

10. 如何将模型快速放置在已知数值的标高上？（   ）

SketchUp 2022草图绘制标准教程

A. 可以用"移动"命令移至目标位置。

B. 使用 JHS PowerBar 插件中的"标高放置"工具，直接放在对应的标高位置。

C. 使用 JHS PowerBar 插件中的"参数移动"工具，直接放在对应的标高位置。

11. 如何把多条线焊接在一起？（　　）

A. 只要把需要连接成整体的线选中，单击 JHS PowerBar 插件中的"焊接线条"工具按钮，即可使这些线条变成一个整体，不是连续的没有相交的也可以。

B. 只要把需要连接成整体的线选中，单击 JHS PowerBar 插件中的"焊接线条"工具按钮，即可使这些线条变成一个整体。注意：必须是要彼此相交的线才可以。

C. 只要是连续画的线就是整体的，所以连续画的线无须焊接。

12. 如何快速把模型移至想要的位置？（　　）

A. 可以直接使用"移动"命令移动模型。

B. 使用 JHS PowerBar 插件中的"对齐"工具进行三维对齐，可以快速移动到需要的位置，包括角度。

13. 有很多相同的模型，如何将它们随机旋转、缩放？（　　）

A. 选择一部分进行旋转、缩放，然后对其他模型重复操作。

B. 可以使用 JHS PowerBar 插件中的"随机旋转缩放"工具。

14.JHS PowerBar 插件中的"组件替换成线框"工具该如何使用？（　　）

A. 单击组件就可以把模型变成线框显示，再单击就会以线框显示变成模型，也就是取消代理。按住 Ctrl 键单击组件即可将所有同一组件变成线框，按住 Shift 键单击线框可以解除所有代理，按 Alt 键单击线框，就会取消同一组件的代理。

B."组件替换成线框"工具，也可以使用在群组中。

15.JHS PowerBar 插件中的"组件替换"工具该如何使用？（　　）

A. 直接单击工具按钮，然后按住 Alt 键单击一个组件作为替换源，单击其他组件就会被替换成替换源。如果按住 Ctrl 键单击，那么所有的同一组件都会被替换成替换源。

B. 直接单击工具按钮，然后按住 Ctrl 键单击一个组件作为替换源，单击其他组件就会被替换成替换源。如果按 Alt 键单击，那么所有的同一组件都会被替换成替换源。

C. 直接单击工具按钮，然后按住 Alt 键单击一个群组或者组件作为替换源，单击其他组件就会被替换成替换源。如果按 Ctrl 键单击，那么所有的同一组件都会被替换成替换源。

16. 如何快速把平面等分成若干个矩形？（　　）

A. 使用 JHS PowerBar 插件中的"四边面分割"工具，直接设置网格数量即可。

B. 将平面的边线拆分，然后画线，将线移动复制阵列出来，这样也可以分成若干个矩形。

17. 如何细分平面？（ ）

A. 使用 JHS PowerBar 插件中的"平面细分"工具。

B. 平面无法细分，曲面可以。

18. 如何将画好的点替换成组件？（ ）

A. 使用 JHS PowerBar 插件中的"点转组件"工具，选中的点替换成组件。

B. 将点做成组件，然后进入点组件中粘贴模型。

C. 无法将点快速替换成组件。

19. 坯子助手中哪个工具可以快速制作窗户？（ ）

A. 梯步推拉。

B. 参数开窗。

C. 参数楼梯。

D. 绘制墙体。

20. 坯子助手中的哪个工具可以同时推拉和偏移多个面？（ ）

A. 批量推拉，多面偏移。

B. 梯步推拉，多面偏移。

C. 快速封面，滑动翻面。

D. 批量推拉，滑动翻面。

7.4.2 多选题

1.1001bit 插件中的"路径跟随"工具和 SketchUp 自带的"路径跟随"工具相比，有什么优势？（ ）

A. 无须将截面放在路径上即可放样。

B.1001bit 插件中的"路径跟随"计算能力更强。

C.SketchUp 自带的"路径跟随"工具放样复杂的截面会出错，用 1001bit 插件的"路径跟随"工具就算放样复杂的截面也没有问题。

D. 无论是简单的截面还是复杂的截面，1001bit 插件都比 SketchUp 自带的"路径跟随"工具操作方便。

2.1001bit 中的"车削曲面"工具和 SketchUp 自带的"路径跟随"工具有什么共同点和区别？（ ）

A. 都可以采取旋转式的路径放样。

B.1001bit 中的"车削曲面"工具可以旋转放样同心圆，而自带的"路径跟随"工具需要路径才可以。

C. 软件自带的"路径跟随"工具必须用路径才可以，"车削曲面"工具要使用旋转轴。

D."车削曲面"工具和"路径跟随"工具都需要截面和路径。

3.1001bit 中的"水平切割面"工具的缺点有哪些？（　　）

A. 不可以穿透组层级。

B. 切割复杂的模型会出问题。

C. 只能切割水平的面，不能切割竖直的面。

D.1001bit 中的"水平切割面"工具，遇到特别复杂的模型依然可以切割且不出问题。

4. 可以精确控制 1001bit 中"生成斜坡"工具的参数有哪些？（　　）

A. 斜坡的倾斜角度。

B. 斜坡的高度。

C. 平面距离。

D. 斜坡的厚度。

5. 在 1001bit 中有哪些阵列的方式？（　　）

A. 线性阵列。

B. 矩形阵列。

C. 极轴阵列。

D. 路径阵列。

E. 曲线阵列。

6.1001bit 插件集中可以创建哪些类型的楼梯？（　　）

A. 单跑楼梯。

B. 双跑楼梯。

C. 螺旋楼梯。

D. 自动扶梯。

E. 双分平行楼梯。

F. 双分折角楼梯。

7.1001bit 插件集中"边线成体"工具和"路径成体"工具有什么区别？（　　）

A. "边线成体"工具操作复杂的线也可以，虽然放样得不是很完美，但可以运行。

B. "路径成体"工具操作复杂的线就不行，例如 3 条不同角度的线就无法放样。

C. 它们都一样，只是放样的截面不同。

D. "边线成体"和"路径成体"工具都可以单独设置截面。

8. 在 JHS PowerBar 插件集中的"增强柔化"面板有哪些功能，相对于其他的柔化工具有什么优势，如何操作？（　　）

A. 可以柔化平滑边线，也可以反柔化成四边形网格。

B. "增强柔化"面板操作更方便，可以同时选中多个模型，选中相应复选框后拖曳滑块即可。

C. "增强柔化"面板的功能可以用 SketchUp 自带的命令替代。

D. "增强柔化"面板的功能对于提取少部分的线，还是不合适。

9. 如何用路径放样镂空的圆柱，类似同心圆？（　　）

A. 使用 JHS PowerBar 插件集中的"路径成管"工具即可设置内外直径成管道。

B. 使用软件自带的"放样"命令生成，先画出同心圆的截面然后放样。

C. 放样的截面必须有连接，没有连接做不出来。

D. 用 1001bit 插件集中的工具，也可以放样出来。

10. 路径特别复杂，如何快速变成圆管？（　　）

A. 用 JHS PowerBar 插件集中的"线转圆柱"工具，可以实现复杂的路径变成圆柱。

B. 用 1001bit 插件中的"边线成体"工具，画好截面即可放样出来。

C. 用 SketchUp 系统自带的命令，选中路径，单击截面即可。

D. 复杂的路径是不能快速变成圆管的。

11. 有一个曲面造型，需要沿着曲面变化趋势在上面摆上砖块，可以使用什么插件，需要注意些什么？（　　）

A. 可以使用 JHS PowerBar 中的"落至于面"工具。

B. 在使用"落至于面"工具之前，要把模型备份一份。

C. 可以使用"放置标高"工具。

D. 在使用"落至于面"工具后，直接按快捷键 Ctrl+Z 即可撤销操作。

12. 可以使用哪些快速镜像对象的方法？（　　）

A. 可以使用软件自带的"缩放"工具，单击缩放的点，然后缩放的比例是 -1 即可，不过这里要注意，如果是左右缩放，只是左右镜像，如果还要上下镜像，就要再操作一次，除非上下的造型是相同的。

B. 可以使用 JHS PowerBar 插件中的"镜像物体"工具。

C. 除了 JHS PowerBar 插件中的"镜像物体"工具，还有很多其他的工具也可以镜像物体。

13. 使用 FFD 工具时，有哪些需要注意的地方？（   ）

A.FFD 工具仅支持单层群组，不支持组件、嵌套的群组、没有成组的模型。

B. 使用 FFD 工具后会出现很多黑点，这些黑点是一个群组，要双击进入，注意不要进入模型的群组中。

C. 如果总是双击进入不了黑点的群组中，可以到默认面板的"管理目录"中找到 FFD 群组，双击进入即可。

D.JHS PowerBar 插件中的 FFD 工具可以任意控制黑点的数量。

14. 在 SketchUp 中如何快速画点？（   ）

A. 使用 JHS PowerBar 插件中的"画点"工具。

B. 使用 1001bit 插件集中的"面定位点"工具。

C. 在 SketchUp 中无法画点。

15. 将 CAD 图纸导入 SketchUp，对于图纸的处理，一般会用到坏子助手中的哪些工具？（   ）

A. 拉线成面。

B.Z 轴压平。

C. 修复直线。

D. 查找线头。

E. 焊接线条。

F. 滑动翻面。

G.Z 轴放样。

第8章
经典建模

本章讲解建模实例，通过实际操作巩固并加深对前面所学内容的理解。

8.1 基础命令建模

本节讲解如何使用 SketchUp 自带的基础命令和工具制作模型，包括书桌、路灯、灯笼等。

8.1.1 书桌建模练习

本节制作书桌模型，造型和尺寸需要大体一致，模型之间的组关系要有条理，如图 8-1 所示。

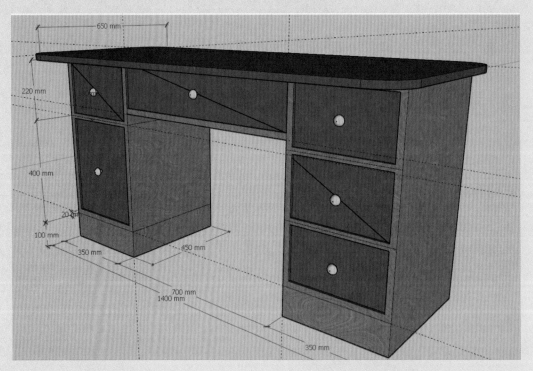

图8-1

这个模型比较简单，最上面的那块板可以后做，底下的抽屉在于定位画线，至于小构件——拉手可以单独做，放在上面即可。具体的操作流程如下。

STEP 01 选择"矩形"工具,或者按快捷键R,在绘图区单击一点,输入1400,450并按Enter键,然后执行"推拉"命令,单击选中矩形,输入720并按Enter键,效果如图8-2所示。

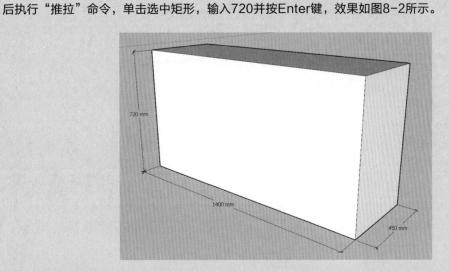

图8-2

STEP 02 选择"卷尺"工具,或者按快捷键T,这里需要画辅助线进行定位。因为右侧的抽屉是三等分的,所以绘制时可以使用"拆分"命令将线段拆分为3段,对抽屉进行定位,再使用"矩形"工具和"直线"工具定位,使其分割开,效果如图8-3所示。

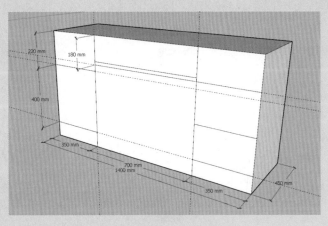

图8-3

执行"拆分"命令的具体方法为:选中需要拆分的线并右击,在弹出的快捷菜单中选择"拆分"选项,拖动鼠标指针后,线上会出现红色的点,这些点就是要断开的地方,红点的数量比拆分的段数多1,拖动鼠标指针可以增加或减少段数,界面右下角会出现具体数值,也可以直接按数字键输入段数后,按Enter键确认。

STEP 03 选择"偏移"工具,将鼠标指针放在需要偏移的面上并单击,输入20后按Enter键确认。偏移一次后,如果遇到同样的偏移距离,可以在执行"偏移"命令后将鼠标指针放在面上并双击,这样就可以自动偏移上一步偏移的距离。对于某些上下距离有差值的线,可以选中线,执行"移动"命令锁定轴方向并移动。

STEP 04　全部形成面后，使用"推拉"工具将中间下方需要空出来的区域推掉，抽屉部分可以适当向内推拉一定距离，左右两侧也执行相同的操作，最终的效果如图8-4所示。

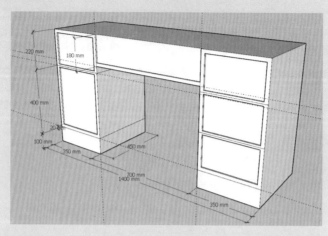

图8-4

STEP 05　选中整个模型并右击，在弹出的快捷菜单中选择"创建群组"选项，然后在书桌的最上方绘制一个相同大小的面，并推拉这个面形成板的厚度。

STEP 06　为四周推拉一个适合的凸出距离，在上面边角的位置进行圆弧倒角，再到其他3个角处双击也进行倒角，最后将边角多余的部分推掉，效果如图8-5所示。

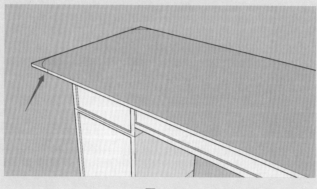

图8-5

STEP 07　绘制一个圆，使用"偏移"工具偏移圆，形成一个同心圆。把这个同心圆绕中心旋转90°并复制，如图8-6（1）所示。

图8-6

SketchUp 2022草图绘制标准教程

STEP 08 在中间画一条线，将下面的部分删除，如图8-6（2）所示。

STEP 09 选中水平的圆的边线，作为路径跟随的放样路径，执行"路径跟随"命令，这里可以单独设置，也可以单击"路径跟随"按钮，然后单击上方的半圆，得到如图8-6（3）所示的效果。

STEP 10 如果形成的模型有破面，原因是这个模型过小或过大，这里不需要尺寸必须一样，可以放大100倍或缩小为1/100操作，此处是放大100倍后操作的，放大后再放样，等模型做好了，再缩小为1/100即可。

STEP 11 如图8-6（4）所示，下面是一个圆柱，因为之前做的是同心圆，所以图8-6（3）底下有一个小一些的圆，使用"推拉"工具向下推拉并放置，放置之前最好提前在需要放置的地方画一条斜线，可以捕捉斜线的中点。如果无法捕捉圆柱底下的圆心，也可以在移动之前画一条经过圆心的辅助线。最后选中"拉手"并右击，在弹出的快捷菜单中选择"创建组件"选项。在弹出的对话框中单击"创建"按钮，然后将"拉手"旋转一定角度，最后放置在上面。

STEP 12 双击进入组中，选择"材质"工具或按快捷键B，选择合适的材质并赋予书桌，如果尺寸不合适，选择模型上的贴图并右击，在弹出的快捷菜单中选择"纹理-位置"选项，拖动绿色的图钉即可。对于组件的拉手，最好进入组件内部添加材质，因为是关联的，添加一个材质后其他的对象也会跟着发生变化。

8.1.2 洗衣机建模练习

本例制作的是洗衣机，造型和尺寸可以展开想象力自行把握，注意有高低差的造型，如图 8-7 所示。

图8-7

洗衣机模型就是在立方体上推拉出来的，所以做这个模型先画立方体，再在立方体上简单地推拉，最后做中间和开关的部分。具体的操作流程如下。

STEP 01　选择"矩形"工具，或者按快捷键R，在绘图区绘制一个矩形，尺寸自定，如图8-8所示。

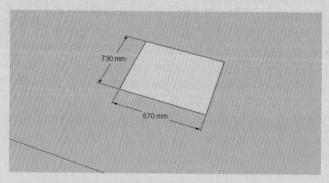

图8-8

STEP 02　选择"推拉"工具，任意推拉一定高度，得到一个立方体，如图8-9所示。

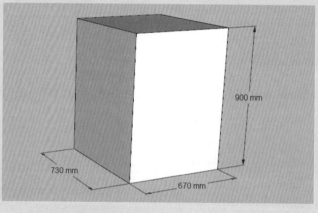

图8-9

STEP 03　在立方体的下方两侧和中间画矩形，然后使用"推拉"工具向内推拉，如图8-10所示。

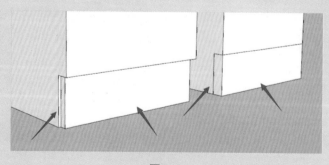

图8-10

STEP 04　在洗衣机上方使用"矩形"工具和"圆"工具绘制面，得到开关控制板的造型，如图8-11所示。

SketchUp 2022草图绘制标准教程

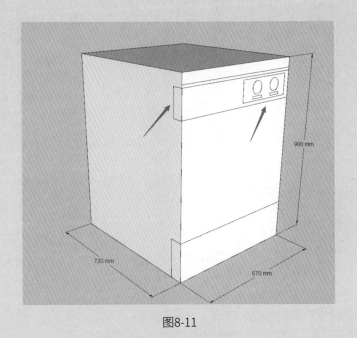

图8-11

STEP 05 执行"推拉"命令，推拉绘制的面，得到的效果如图8-12所示。

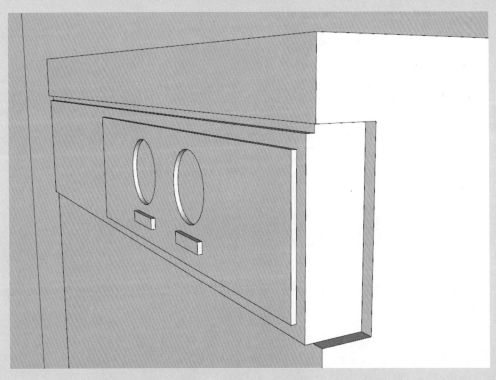

图8-12

STEP 06 在洗衣机顶端绘制一个矩形，如图8-13所示，然后使用"圆弧"命令为这个矩形倒角，将其做成圆角矩形，如图8-14所示。

第8章 经典建模

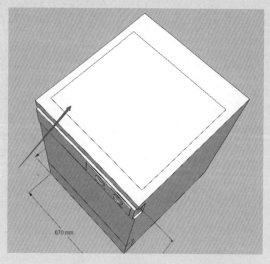
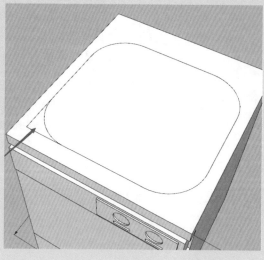

图8-13   图8-14

STEP 07 把圆角矩形向下推拉，使其有高差，然后选择推拉下去的圆角矩形，执行"缩放"命令，按住Ctrl键单击边角的点，进行中心缩小，得到如图8-15所示的造型。

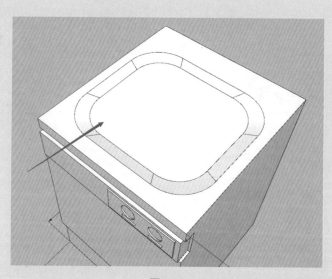

图8-15

STEP 08 使用"圆"工具在洗衣机中间画圆，然后使用"偏移"工具对这个圆进行多次偏移，效果如图8-16所示。

图8-16

STEP 09 使用"推拉"工具对这些圆进行多次推拉，中间部分的做法是将最内部的圆向中心推拉，然后使用"缩放"命令将内部的圆向内部缩小，效果如图8-17所示。

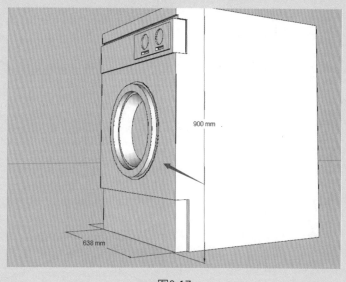

图8-17

STEP 10 复制洗衣机控制板上的圆，并为这个圆推拉一定厚度，然后选中面，使用"缩放"命令向中心缩小，再向内偏移一个圆，如图8-18所示。

STEP 11 将中间的小圆推拉出来，再选中推拉出来的圆，执行"缩放"命令向中心缩小，然后执行"直线"命令在面上画一个三角形，最终效果如图8-19所示，最后把这个开关移至相应的位置即可。

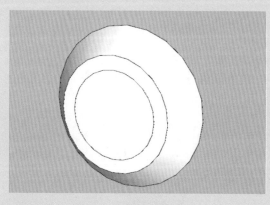

图8-18

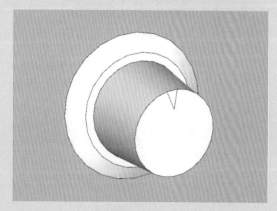

图8-19

8.1.3　路灯建模练习

　　路灯在生活中随处可见，本小节制作一个简单的路灯模型，如图 8-20 所示。

　　看到这个模型的第一感觉就是想从下往上开始制作模型，下面采用基本推拉和缩放的方法制作，上面有一个大圆弧，放样再加一盏灯。具体的操作流程如下。

STEP 01 选择"矩形"工具，在绘图区绘制一个矩形，然后使用"推拉"工具推拉一定高度，尺寸可以自定，如图8-21所示。

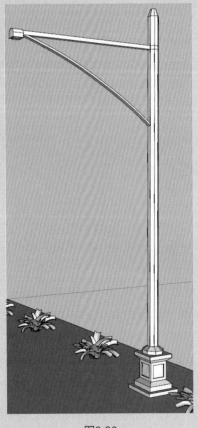

图8-20

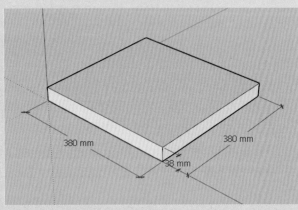

图8-21

STEP 02 选择"偏移"工具，将上方的面向内偏移一定距离，然后使用"推拉"工具将矩形向上推拉，再次将上方的矩形向上推拉，这次在推拉时需要按下Ctrl键进行加厚。使用"缩放"命令将上方的矩形向中心缩小，如图8-22所示。

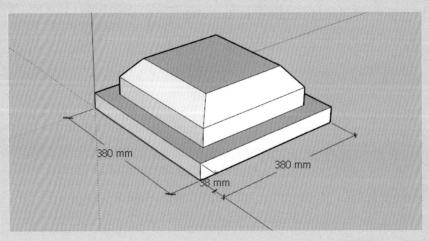

图8-22

STEP 03 使用"推拉"工具将上方的矩形推拉一定高度,然后使用"偏移"工具将四周的面偏移出一个矩形,使用"推拉"工具将四周的面向内推拉,如图8-23所示。

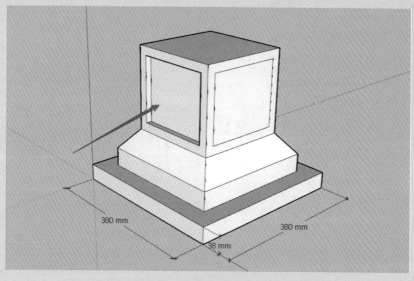

图8-23

STEP 04 使用"推拉"工具,将上方的面向上推拉合适的高度,在推拉时需要按下Ctrl键进行加厚,然后使用"缩放"命令将上方的矩形以中心放大,如图8-24所示。

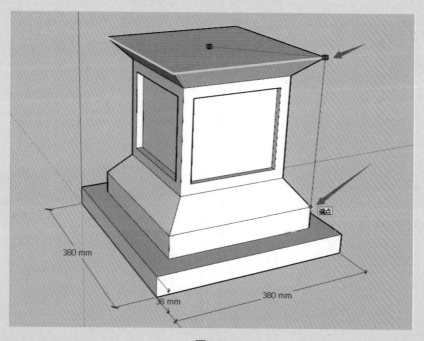

图8-24

STEP 05 使用"推拉"工具,将上方的面向上推拉合适的厚度,然后使用"多边形"工具在上方的面的中心画一个八边形,如果捕捉中心时不好操作,可以在矩形面上画一条对角线,并用"多边形"工具绘制。

STEP 06　使用"推拉"工具将八边形推拉一定厚度，然后再加厚推拉，最后使用"缩放"工具将上方的八边形向中心缩小，如图8-25所示。

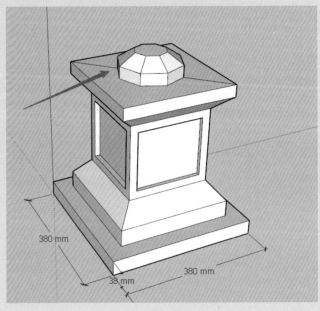

图8-25

STEP 07　使用"推拉"工具将上面的八边形向上推拉到合适的高度，然后再按Ctrl键加厚，继续向上推拉，再次加厚，最后使用"缩放"工具将顶部的八边形向中心缩小，如图8-26所示。

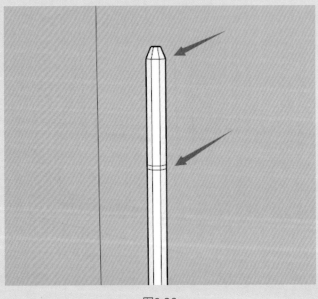

图8-26

STEP 08　在灯杆顶端有两圈线，中间会有面，使用"推拉"工具将面推拉出来，如图8-28所示，然后用"圆弧"工具和"直线"工具画一个拱形的灯面，造型如图8-27所示。选择这个灯面并右击，在弹出的快捷菜单中选择"创建群组"选项，将拱形的灯面移至灯杆上，如图8-28所示。

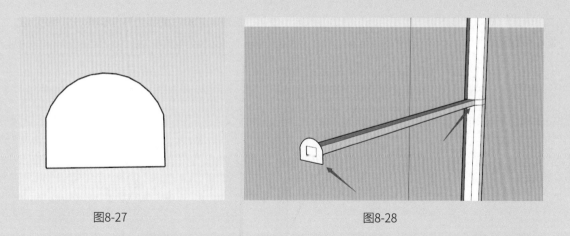

图8-27

图8-28

STEP 09 双击拱形的灯面进入群组中，使用"推拉"工具将面推拉出来，在灯的下面使用"偏移"工具偏移矩形，然后使用"圆弧"工具倒角，最后将圆角矩形推拉一定厚度作为光源，如图8-29所示。

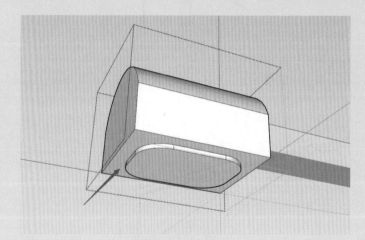

图8-29

STEP 10 使用"直线"工具沿着灯杆的中心画线，形成一个封闭的矩形，并作为辅助面使用。使用"圆弧"工具捕捉矩形的端点，在矩形面上画圆弧，如图8-30所示。

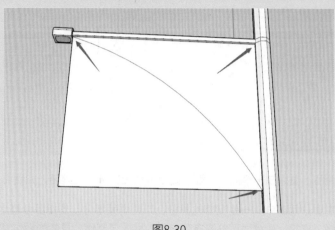

图8-30

第8章 经典建模

STEP 11 使用"橡皮擦"工具将矩形辅助面删除，使用"直线"工具在圆弧线下方绘制一个矩形，如图8-31所示。

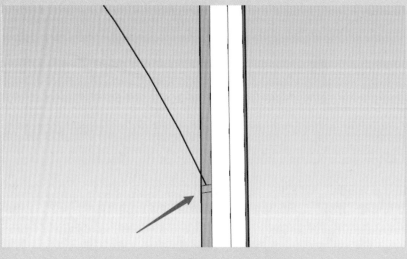

图8-31

STEP 12 选中圆弧线，单击"路径跟随"工具，单击圆弧线下方的矩形面，生成如图8-32所示的造型。

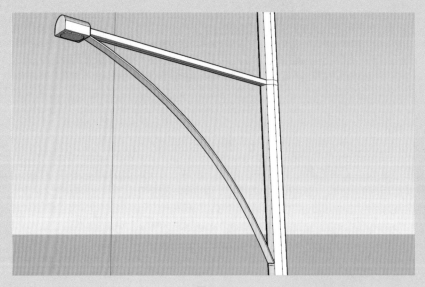

图8-32

8.1.4　遮阳伞建模练习

本例绘制遮阳伞模型，重点在于伞面的造型，要画辅助面进行路径跟随，如图 8-33 所示。

遮阳伞模型制作主要分两部分，一是支撑的部分，二是伞面部分。支撑部分是比较容易看出来怎么制作的，无非就是偏移、推拉，而伞面部分要复杂一些，用圆弧制作。具体的操作流程如下。

图8-33

STEP 01 选择"矩形"工具，在绘图区绘制一个矩形，尺寸可以自定，然后使用"推拉"工具推拉一定厚度，然后按住Ctrl键再加厚推拉一定厚度，如图8-34所示。

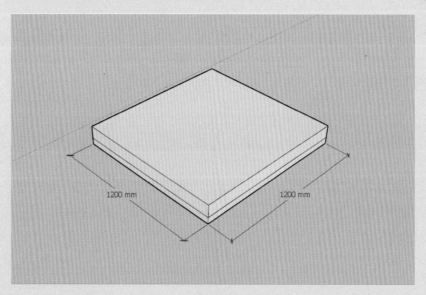

1200 mm   1200 mm

图8-34

STEP 02 使用"偏移"工具将上方的面向内偏移出一个矩形。使用"直线"工具画一条沿着小矩形的直线并与大矩形相交。使用"圆弧"工具，以直线的交点和中间线的端点为圆弧的两个端点画圆弧，如图8-35所示。

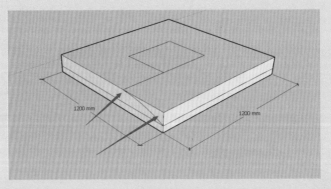

图8-35

STEP 03   选择矩形的一圈边线，执行"路径跟随"命令，再单击生成圆弧的面，如图8-36所示。

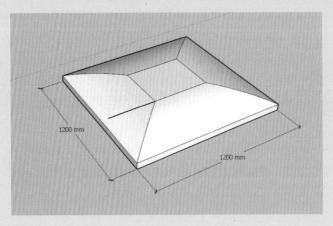

图8-36

STEP 04   在上方矩形中心绘制一个圆，推拉一定高度，然后使用"偏移"工具将上方的圆向内偏移，再把内部的圆向上推拉一定高度，并将上方的圆向外偏移变大，如图8-37所示。

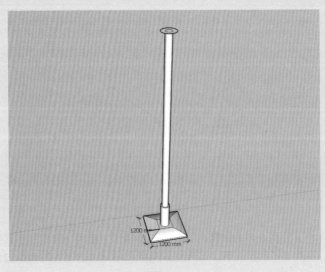

图8-37

STEP 05 使用"推拉"工具将上方外侧的大圆推拉一定高度，如图8-38所示，再将中间的小圆也推拉一定高度，然后使用"多边形"工具，以上方的圆心作为多边形中心画多边形，尺寸可以参考下方的圆。

STEP 06 使用"推拉"工具将上方的八边形向上推拉一段距离，然后使用"偏移"工具将上方的八边形向外偏移一段距离，使用"推拉"工具把偏移出来的八边形和内部的八边形都向上推拉一定厚度，最后把中间的圆向上推拉一个合适的高度，如图8-39所示。

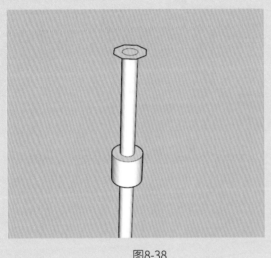

图8-38

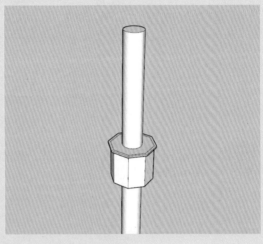

图8-39

STEP 07 使用"多边形"工具画一个八边形，大小就是伞面的尺寸，可以大概画一个，待伞面全部完成再进行整体缩放。然后推拉一定厚度，再按Ctrl键加厚推拉一定厚度，最后选中整个支撑杆并右击，在弹出的下拉列表中选择"创建群组"选项，如图8-40所示。

STEP 08 在上方的八边形上连接中点画一条直线，然后选择上方的面，按Delete键将其删除，如图8-41所示。

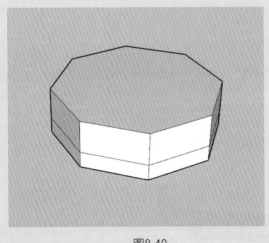

图8-40

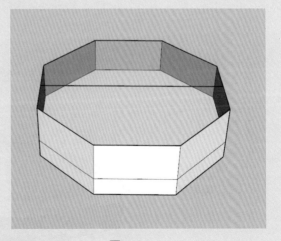

图8-41

STEP 09 捕捉中间线的中点到底部八边形的中点，绘制一个矩形，然后使用"圆弧"工具在矩形面上

第8章 经典建模

绘制一条圆弧，如图8-42所示。

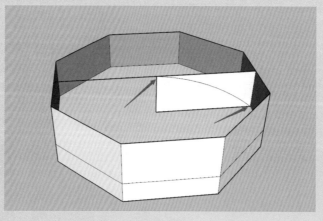

图8-42

STEP 10 将模型不需要的线和面清理一下，完成后就剩下底部的一个八边形、一个小矩形，还有一个圆弧面，如图8-43所示。

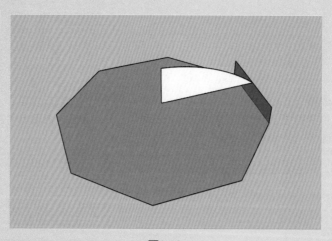

图8-43

STEP 11 选中下面八边形的一圈边线，选择"路径跟随"工具，单击圆弧面，就生成了伞面，如图8-44所示。

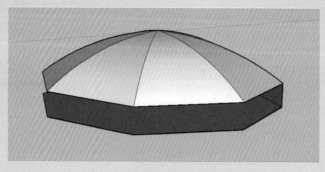

图8-44

STEP 12 选择伞面顶端的一部分，使用"缩放"工具拉动上方中间的方块，将伞面的造型处理得更逼真，如图8-45所示。

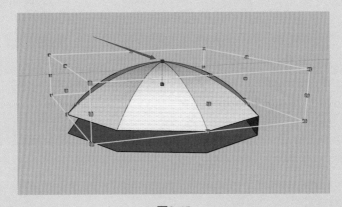

图8-45

STEP 13 将底部的八边形删除。使用"圆弧"工具在底部的装饰小矩形的边角位置画圆弧，为矩形倒角，最后将多余的面删除，如图8-46所示。选中倒角的装饰矩形并右击，在弹出的快捷菜单中选择"创建群组"选项，随后使用"旋转"工具进行旋转复制，以伞面的中心每45°复制一个，一共旋转复制7个，效果如图8-47所示。

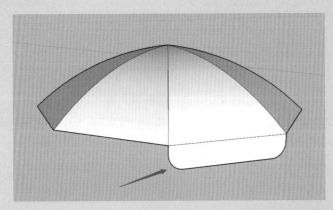

图8-46

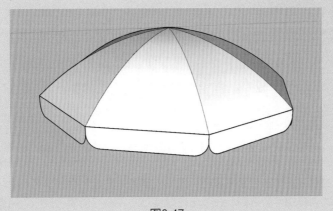

图8-47

STEP 14　选中整个伞面并右击，在弹出的快捷菜单中选择"创建组件"选项，在弹出的对话框中单击"创建"按钮，然后使用"缩放"工具将伞面缩放到合适的尺寸并放置到伞杆的上方，如图8-48所示。

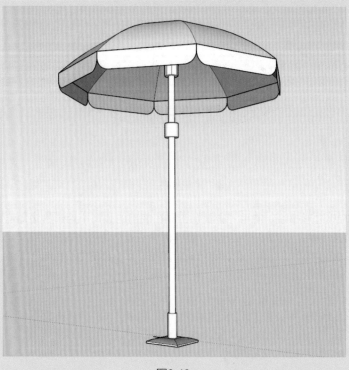

图8-48

STEP 15　画一条从正八边形顶点连接到伞面上圆弧线中心位置的直线，然后在直线端点上画圆，如图8-49和图8-50所示。

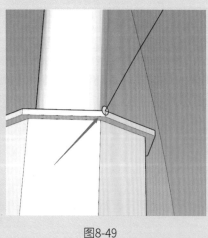

图8-49

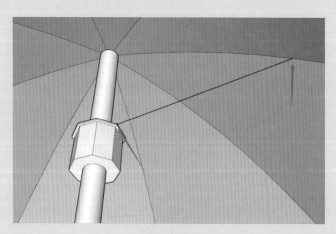

图8-50

STEP 16　选中绘制的直线，单击"路径跟随"工具，再单击圆面，生成伞骨。选中伞骨并右击，在弹出的快捷菜单中选择"创建组件"选项，在弹出的对话框中单击"创建"按钮，将这个伞骨做成组件。选中伞骨，使用"旋转"工具进行旋转复制，以伞面为中心每旋转45°复制一个，一共旋转复制7个，最终效果如图8-51所示。

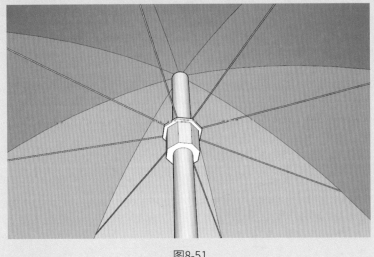

图8-51

8.1.5 景观廊架建模

本例绘制景观廊架，造型相对简单，绘制时需要注意尺寸的合理性，如图 8-52 所示。

图8-52

这个廊架比较简单，由三部分组成——支撑的柱子、座位的木条、顶棚的行条。柱子采用偏移推拉的方式创建即可；座位的木条绘制一个矩形，推拉后做成组件，通过移动复制即可得到；顶棚的行条同样采用移动复制的方法得到。具体的操作流程如下。

STEP 01　使用"矩形"工具，在绘图区绘制一个矩形，使用"推拉"工具，为矩形推拉一定高度，尺寸自定，如图8-53所示。

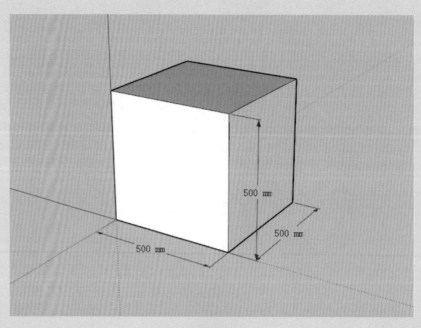

图8-53

STEP 02　使用"偏移"工具将上方的面向外偏移一段距离，并使用"推拉"工具将上方的矩形向上推拉同样的厚度，再将多余的线删除，如图8-54所示。

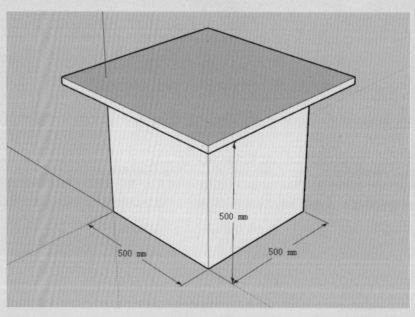

图8-54

STEP 03　使用"偏移"工具将上方的面偏移出一个小矩形，然后将该矩形做成群组。双击进入群组中，将矩形向上推拉一定厚度，再使用"偏移"工具将最上面的矩形面向内偏移出小矩形，然后将小矩形向上推拉一定厚度。退出群组，使用"移动"工具将此群组向上移动并复制两份，双击进入最上方的群组，将最上方的矩形面继续向上推拉一定高度，如图8-55所示。

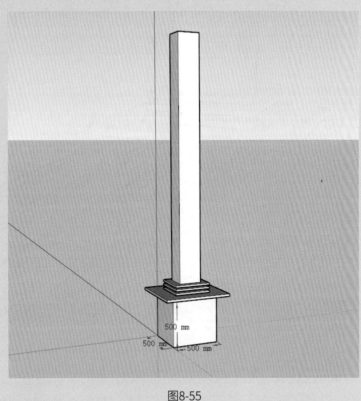

图8-55

STEP 04 在支座边缘绘制一个矩形，然后将该矩形做成群组，如图8-56所示。双击进入这个矩形群组中，使用"推拉"工具推拉一定长度，然后按Esc键退出群组。选中群组并右击，在弹出的快捷菜单中选择"创建组件"选项，在弹出的对话框中单击"创建"按钮。使用"移动"工具将这个组件移动复制到另一侧，输入/3并按Enter键确认，效果如图8-57所示。

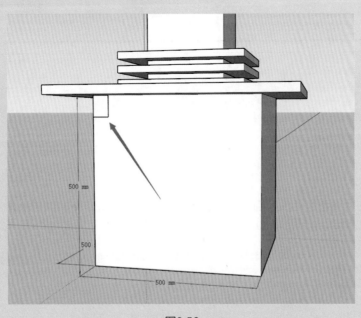

图8-56

第8章 经典建模

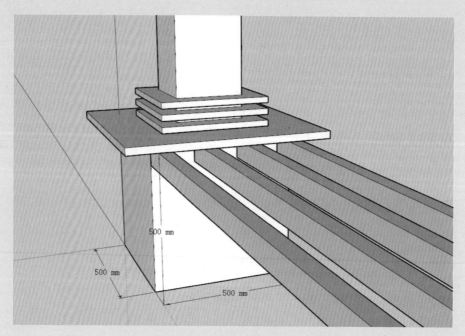

图8-57

STEP 05 绘制一个矩形，并将两边倒角，然后推拉一定厚度，最后将这个行条做成一个群组，如图8-58所示。

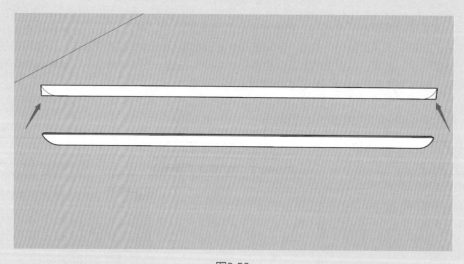

图8-58

STEP 06 将做好的模型整理好，通过移动旋转复制的方法摆放成图8-52中的效果，最后可以导入装饰的灯笼模型挂在廊架上，最终完成操作。

8.1.6 福字灯笼

本例绘制一个福字灯笼，绘制时需要注意中间造型的准确性，如图 8-59 所示。

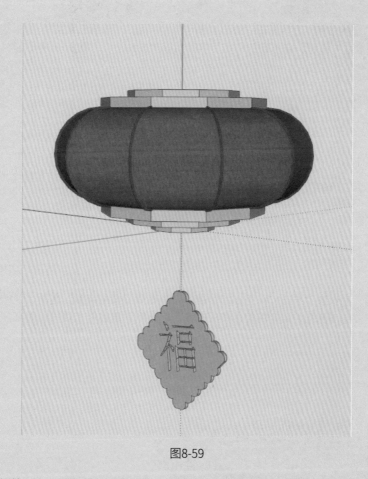

图8-59

本例绘制的灯笼，上、下部的造型很简单，是由多边形偏移推拉出来的，中间的部分是依据多边形用截面放样出来的效果。福字牌子是一个矩形，边缘有圆弧的花边，中间是挖空的"福"字。具体的操作流程如下。

STEP 01　绘制一个矩形，并沿着矩形绘制圆弧，再把多余的面删除，效果如图8-60所示。

图8-60

STEP 02 单击"三维文字"工具按钮，弹出如图8-61所示的"放置三维文本"对话框，在其中输入"福"字，单击"放置"按钮，将出现的"福"字模型摆放在面上，如图8-62所示。

图8-61   图8-62

STEP 03 在"福"字模型上右击，在弹出的快捷菜单中选择"模型交错"选项，这样面上就会交错出文字的线。将不需要的面删除，如果遇到没有分割的面，使用"直线"工具描线即可，最后将面推拉一定厚度，如图8-63所示。

图8-63

STEP 04 使用"多边形"工具绘制一个十边形，然后推拉一定厚度，如图8-64所示。

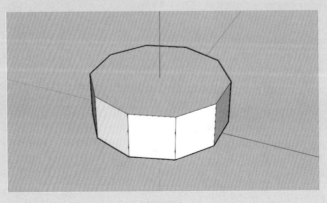

图8-64

STEP 05 使用"圆弧"工具沿着边缘画一个圆弧，如图8-65所示，然后选择多边形的一圈边线，选择"路径跟随"工具单击圆弧面，如图8-66所示。

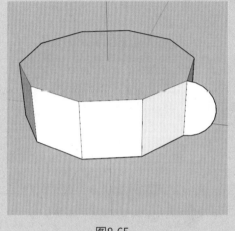

图8-65

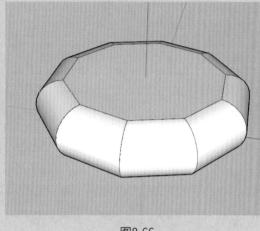

图8-66

STEP 06 把其中的一条圆弧线选中并复制，使用"焊接曲线"插件将圆弧线焊接成一个整体，之后在线的一端画一条辅助线，作为往回放置的标记位置。在线的端点画一个尽可能与线垂直的圆，选中圆弧，选择"路径跟随"工具，单击圆生成管，如图8-67所示。

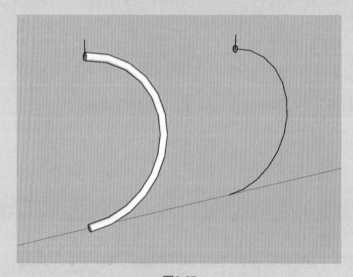

图8-67

STEP 07 将做好的管转换为组件，然后借助之前画的直线，将管移至灯笼上。选中组件，使用"旋转"工具旋转复制，这里旋转的角度为36°，需要复制的数量为9，如图8-68所示。

STEP 08 使用"推拉"工具将灯笼上方的面向上推拉一定厚度，然后使用"偏移"工具将上方的面向内偏移，最后再向上推拉一定的厚度，如图8-69所示。

STEP 09 使用"推拉"工具将灯笼下方的面向下推拉一定厚度，再使用"偏移"工具把下方的面向内偏移，再向下推拉一定厚度，使用"偏移"工具将下方的面向内偏移，并向下推拉一定厚度，如图8-70所示。

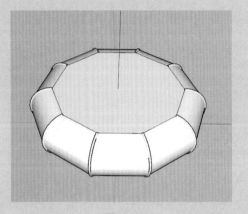

图8-68

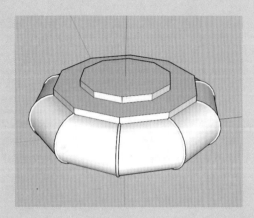

图8-69

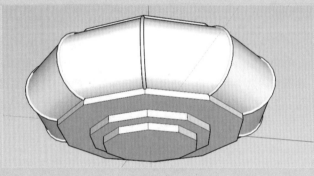

图8-70

STEP 10 在"福"字牌上画一条线，然后在线上绘制一个圆，使用"路径跟随"工具生成圆柱，如图8-71所示。最后将"福"字牌放置到灯笼下方，完成后的效果如图8-72所示。

图8-71

图8-72

8.1.7 异形灯具

本例制作一个灯具模型，直接使用"直线"工具锁定轴向绘制线并形成面，即可得到相应的模型，如图 8-73 所示。

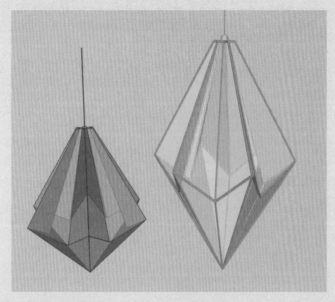

图8-73

当要制作的模型是以轴重复的，就知道可以采用旋转阵列的方法得到，外面的管状物可以采用线放样的方法得到。具体的操作流程如下。

STEP 01 使用"多边形"工具绘制一个六边形，然后使用"直线"工具从六边形中心向上和向下绘制两条线，如图8-74所示。

STEP 02 从线的两端连接到六边形一条边的两个点，并生成面，如图8-75所示。

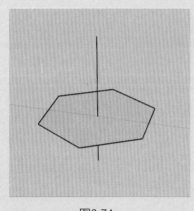

图8-74

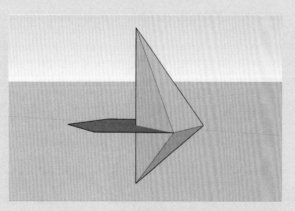

图8-75

STEP 03 在下方生成的三角面中间连接一条线，然后以多边形的顶点绘制两条线，连接到中间一条线的一个点上，如图8-76所示。

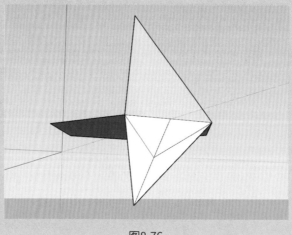

图8-76

STEP 04 删除箭头所指位置的两条线，如图8-77所示，删除后的效果如图8-78所示。

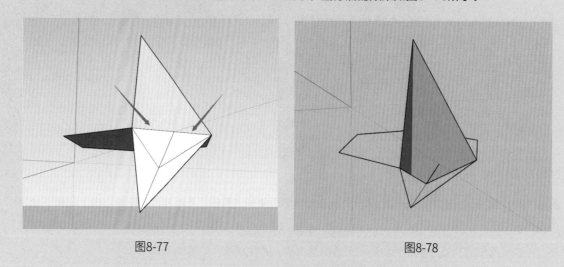

图8-77   图8-78

STEP 05 把不需要的面和线删除，中间用直线连接起来生成面，效果如图8-79所示。

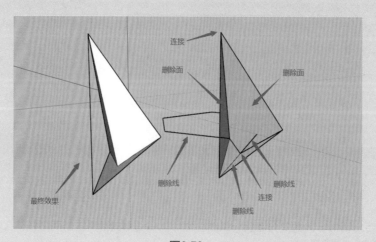

图8-79

STEP 06   全选模型，使用"旋转"工具将模型绕着顶端旋转复制，每60°复制一个，一共旋转复制5个，灯具效果如图8-80所示。

STEP 07   绘制一个矩形，将矩形移至和灯具相交的位置，如图8-81所示。

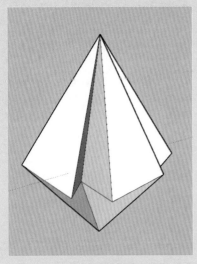

图8-80

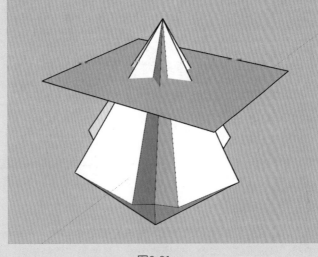

图8-81

STEP 08   选中矩形面并右击，在弹出的快捷菜单中选择"模型交错"→"模型交错"选项，然后将矩形面和灯具上方不需要的线和面删除，如图8-82所示。

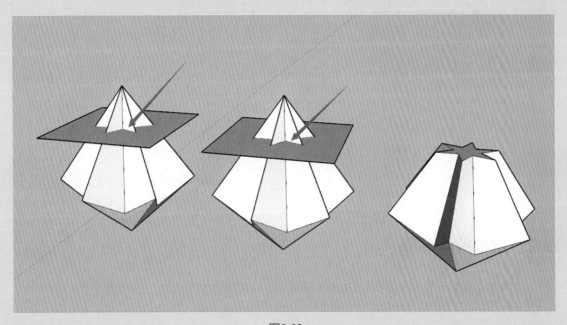

图8-82

STEP 09   选择灯具上方的面，使用"偏移"工具向内偏移，使用"推拉"工具将内部的面向下推拉，然后在面的中间使用"圆"工具画一个圆，并向上推拉一定厚度。将上方的面向内偏移，向上推拉一定厚度。将上方的面向内偏移，推拉一定高度，如图8-83所示。

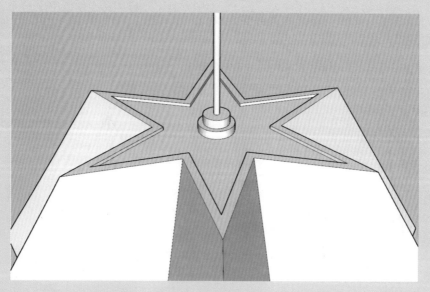

图8-83

STEP 10 选择灯具所有的边线，框选需要的线和面，然后用"增强选择工具"→Selection Toys插件中的"只选择线"命令，快速选中线，再使用"路径成管"插件一键生成，如图8-84所示。

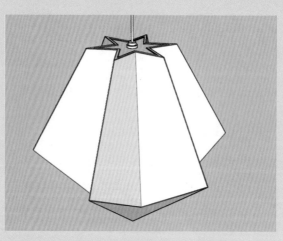

图8-84

8.2 进阶插件建模

本节讲解如何使用SketchUp的插件制作模型，其中包括螺旋曲面造型、曲线坡道、莫比乌斯环等。

8.2.1 简单的花瓶造型和螺旋曲面

如图8-85和图8-86所示，本例制作两个放样的造型，当然可以采用多种方法制作，但这里讲解的方法是使用1001bit插件中的功能实现。

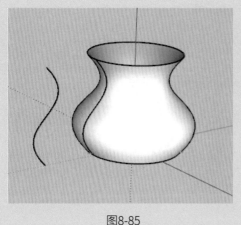

图8-85 图8-86

　　首先是这条曲线，采用贝兹曲线绘制，然后通过放样得到类似花瓶的造型，这就是一个简单的放样实例；另外一个是螺旋曲面，其实也可以采用放样的方法实现，但是，规矩的造型可以采用1001bit 插件中的车削曲面功能实现。具体的操作流程如下。

STEP 01　使用"矩形"工具绘制一个矩形，然后在矩形面上使用"贝兹曲线"插件→BezierSpline中的"经典贝兹曲线"功能绘制一条曲线，如图8-87所示。

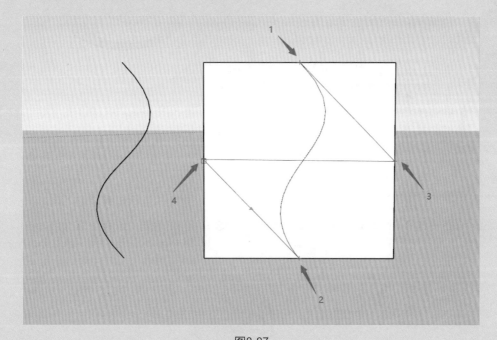

图8-87

STEP 02　选中曲线并单击建筑插件集→1001bit Tools中的"车削曲面"工具按钮，弹出如图8-88所示的对话框，单击"创建旋转面"按钮，再单击两点确定旋转中心轴即可，如图8-89所示。

STEP 03　选中曲线并单击"车削曲面"工具按钮，在弹出的对话框中修改参数，"旋转角度"值为720，"细分数"值为60，"比例"值为3.0，如图8-90所示，单击"创建旋转面"按钮，再单击两点确定旋转中心轴即可，如图8-91所示。

第8章　经典建模

图8-88

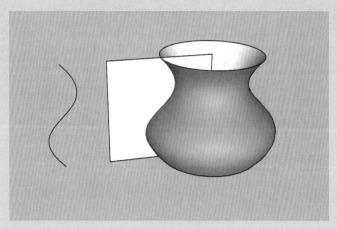

图8-89

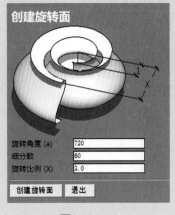

图8-90

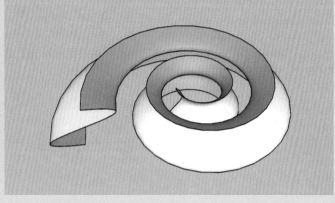

图8-91

8.2.2　旋转楼梯模型

　　本例绘制的是楼梯，造型比较简单，主要是练习阵列还有组件的用法，如图 8-92 所示。

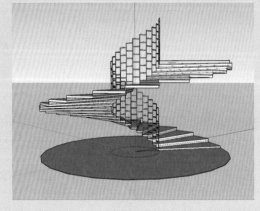

图8-92

　　本例首先需要画出楼梯的踏步，需要算好角度，否则开始阵列后就会发现不是想要的模型。接下来绘制扶手和踏步与踏步之间的立板，注意立板需要在组件中绘制。具体的操作流程如下。

STEP 01　使用"圆"工具绘制一个边数为36，半径为2500mm的多边形，然后使用"偏移"工具向内偏移，用直线将多边形中心和顶点连接，两根线之间的夹角为15°，如图8-93所示。

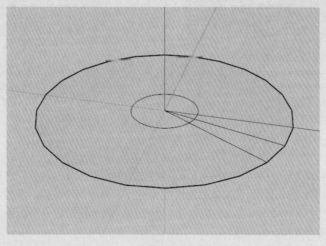

图8-93

STEP 02　将踏步面做成群组，然后双击进入群组，踏步推拉的厚度为50mm，退出群组。在群组上右击，在弹出的快捷菜单中选择"创建组件"选项，在弹出的对话框中单击"创建"按钮，如图8-94所示。

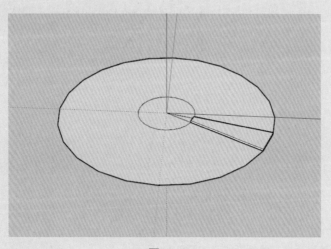

图8-94

STEP 03　选中组件，单击建筑插件集→1001bit Tools中的"极轴阵列"工具按钮，在弹出对话框中修改参数，"极轴阵列角"值为345，"实体数量"值为24，"沿中轴总距离"值为2350mm，如图8-95所示，单击"创建阵列"按钮，然后单击圆心和圆心上方，作为阵列轴向，效果如图8-96所示。

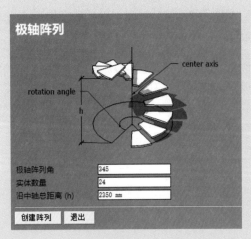

图8-95

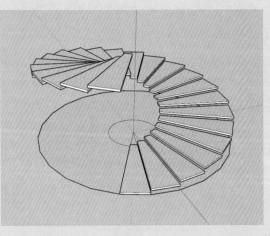

图8-96

STEP 04 双击进入其中一个组件的踏步中，用直线连接进行闭合以形成面，然后使用"推拉"工具推拉一定厚度，效果如图8-97所示。如果用直线连接进行闭合没有形成面，就使用"曲线放样"中的"轮廓放样"→Fredo Skin Contours工具封面，再使用"联合推拉"→Fredo JointPushPull中的"加厚推拉"工具，将面推拉一定厚度。

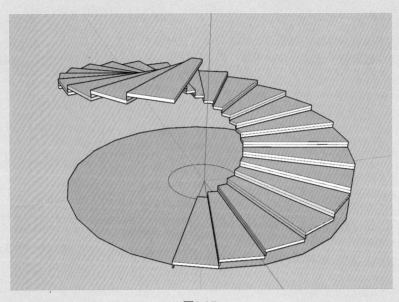

图8-97

STEP 05 双击进入踏步组件，绘制直线，如图8-98所示。

STEP 06 进入踏步组件选择栏杆的线，使用JHS PowerBar插件工具集中的"线转圆柱"工具生成栏杆，如图8-99所示。

STEP 07 在最上方的踏步组件上右击，在弹出的快捷菜单中选择"设定为唯一"选项，然后双击进入组件中，将栏杆删除并重新画线，如图8-100所示，使用JHS PowerBar插件工具集中的"线转圆柱"工具一键生成，如图8-101所示。

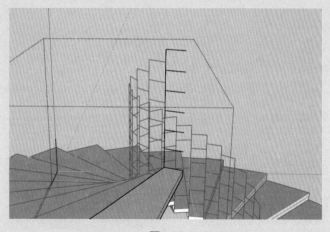

图8-98

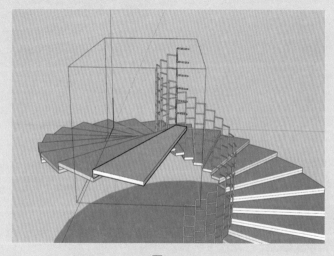

图8-99

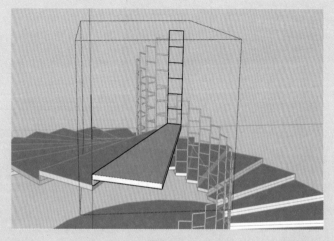

图8-100

第8章　经典建模

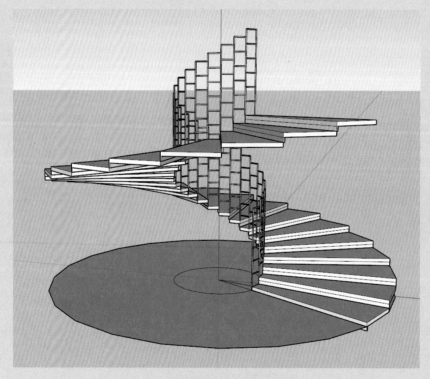

图8-101

STEP 08 在最下方的踏步组件上右击，在弹出的快捷菜单中选择"设定为唯一"选项，双击进入组件中，将多余的立板删除，完成后的效果如图8-102所示。

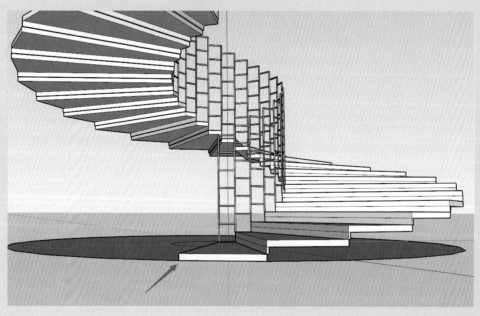

图8-102

8.2.3 赋予球体材质

这是一个添加材质的实例，为一个球体赋予条纹材质，而且要条纹连续美观，操作时可以自由控制条纹的数量和位置，如图8-103所示。

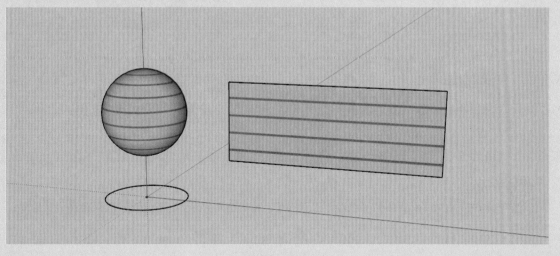

图8-103

遇到球体贴图就选择 FredoTools 纹理插件工具进行处理，具体的操作流程如下。

STEP 01　使用"圆"工具绘制一个半径为500mm的圆，使用"旋转"工具将圆以圆心为轴旋转90°并复制，如图8-104所示。

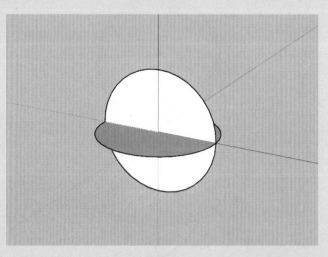

图8-104

STEP 02　将垂直的圆移动复制到上方，选择水平圆的边线，执行"路径跟随"命令，单击垂直圆的面生成球体，如图8-105所示。

STEP 03　使用"材质"工具，将条纹材质添加到球体上，如图8-106所示。

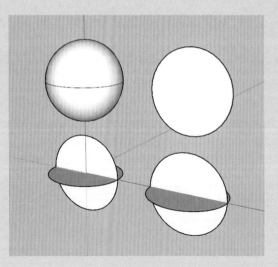

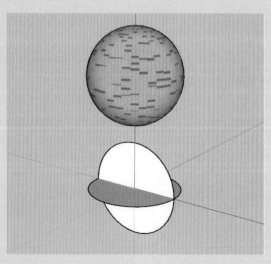

图8-105　　　　　　　　　　　　　　　　　图8-106

STEP 04 单击FredoTools中的"纹理"工具按钮，再单击两次球体，会弹出"纹理转换"对话框，如图8-107所示。

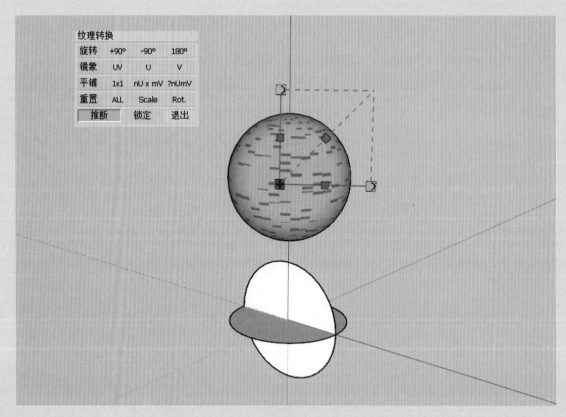

图8-107

STEP 05 单击"纹理转换"对话框中的1×1按钮，如图8-108所示，单击按住图中箭头所指的"统一比例"图标并拖动，可以控制条纹的数量和位置，完成操作。

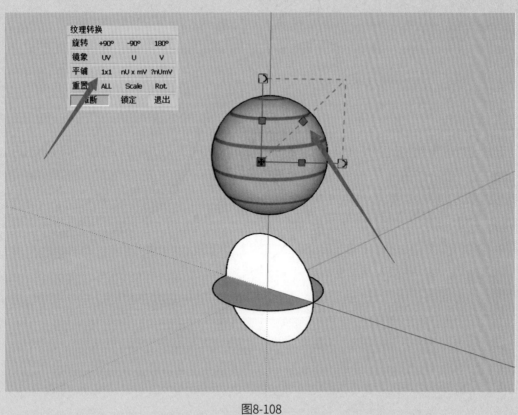

纹理转换

旋转	+90°	-90°	180°
镜象	UV	U	V
平铺	1x1	nU x mV	?nUmV
重置	ALL	Scale	Rot.
重断		锁定	退出

图8-108

8.2.4 曲线坡道建模

本例绘制曲线坡道,在一些建筑设计中坡道是经常遇到的,特别是一些景观道路,为了营造景观效果,更是把道路建造成带有弧度的异形坡道,如图 8-109 和图 8-110 所示。

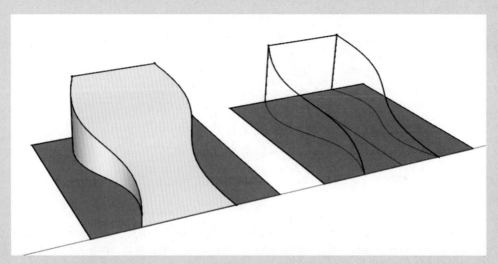

图8-109

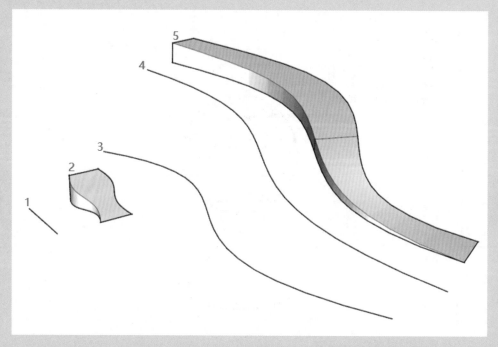

图8-110

图8-109的部分，可以先画平面，然后在面上画曲线，并把曲线的一个端点拉起来，将面封闭即可。

图8-110中的模型5，是由模型2变化而来的，可以用形体弯曲的方法实现。具体的操作流程如下。

STEP 01 绘制一个矩形，然后使用"贝兹曲线"→BezierSpline插件中的"经典贝兹曲线"工具，在矩形画上绘制曲线，如图8-111所示。

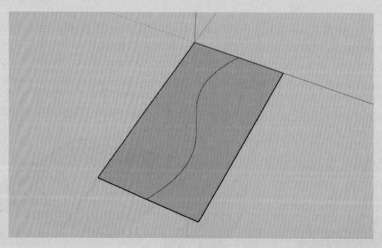

图8-111

STEP 02 使用"建筑插件集"→1001bit Tools中的"生成斜坡"工具，选中曲线，在弹出的如图8-112所示的对话框中修改参数，选择"绘制新斜坡"单选按钮，然后单击"创建斜坡"按钮，单击两次线的端点即可将曲线立起来，如图8-113所示。

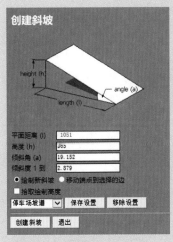

图8-112

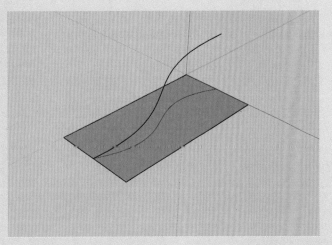

图8-113

STEP 03 使用"镜像"插件将另外一半也做出来，如图8-114所示。

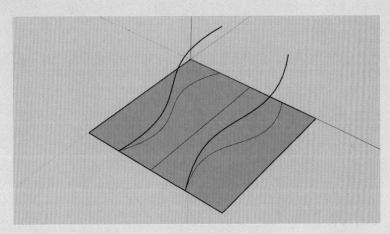

图8-114

STEP 04 使用"直线"工具将模型连接闭合，如图8-115所示。

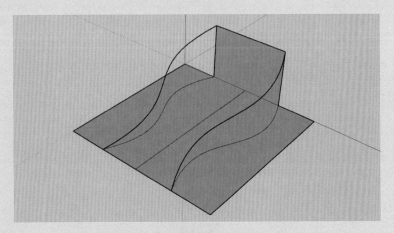

图8-115

第8章 经典建模

STEP 05 选择一侧面的3条线，使用"曲线放样"插件中的Fredo Skin Contours工具轮廓放样，将其封面，如图8-116所示，另一侧采用同样的方法封上。

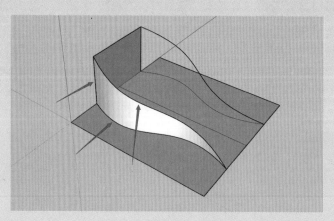

图8-116

STEP 06 单击"曲线放样"插件中的Fredo Loft by Spline→"曲线放样"工具，分别单击两侧的曲线进行封面，如图8-117所示。

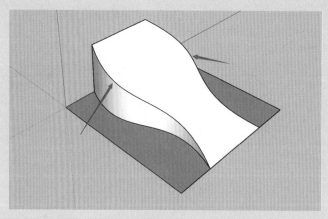

图8-117

STEP 07 选择坡道模型并右击，在弹出的快捷菜单中选择"炸开模型"选项，然后删除不需要的线和面，将其做成群组。绘制一条沿着红轴和坡道一样长的直线，如图8-118所示。

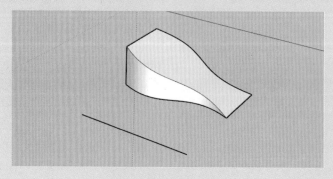

图8-118

STEP 08 绘制一个矩形，在矩形上使用"贝兹曲线"中的"经典贝兹曲线"插件，绘制一条沿着红轴的曲线，然后选择曲线，使用"空间曲线"插件，生成三维空间曲线，如图8-119所示。

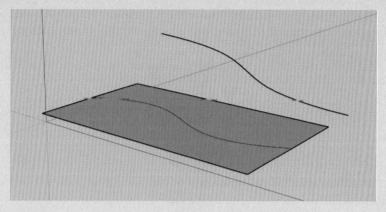

图8-119

STEP 09 选择曲线坡道群组，单击"形体弯曲"→Shape Bender插件工具按钮，选择沿着红轴的直线，再单击三维空间曲线，按键盘上的向上或向下键可以控制生成的效果，按Enter键确定生成，完成后的效果如图8-120所示。

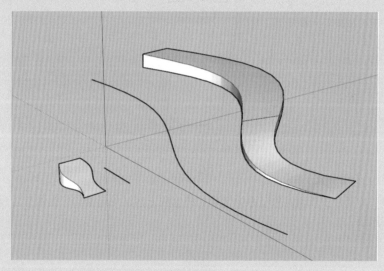

图8-120

8.2.5 冰激凌

本例绘制的是冰激凌，在炎热的夏天，冰激凌是大家喜爱的食物，这里讲解用SketchUp制作冰激凌模型的方法，也带给大家一份凉爽，如图8-121所示。

首先这个模型可以分成两部分制作，一是冰激凌筒的部分，二是冰激凌的部分。下面的冰激凌筒造型简单，采用普通的推拉缩放、倒角方法处理。制作的难点集中在上面的冰激凌上，先做出截面，然后推拉、缩放、扭曲。具体的操作流程如下。

图8-121

STEP 01 使用"圆"工具绘制一个圆，然后向上推拉一定高度变成圆柱，选中圆柱底部的面，使用"缩放"工具将其向中心缩小，如图8-122所示。

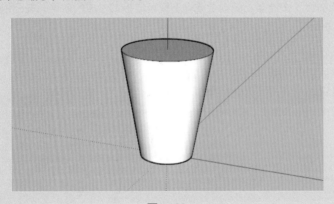

图8-122

STEP 02 使用"移动"工具将圆柱上方的线移动复制到上方，然后使用"缩放"工具将其以中心放大，如图8-123所示。

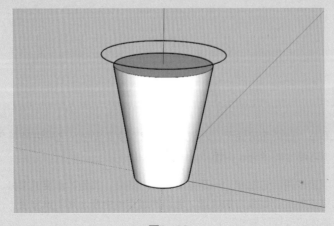

图8-123

STEP 03 使用"曲线放样"→Fredo.Loft.by.Spline插件工具，将上方圆线和下面圆柱的边线放样，形成面，然后使用"联合推拉"→Fredo JointPushPull插件中的"加厚推拉"工具，将其推拉一定厚度，如图8-124所示。

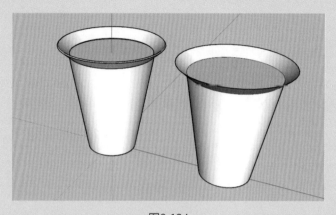

图8-124

STEP 04 使用"曲面绘图"→Toos.on.Surface插件工具，在冰激凌筒的表面绘制图案，如图8-125所示。

图8-125

STEP 05 使用"多边形"工具绘制一个十二边形，然后从这个多边形的中心画线，连接到顶点，画一条线后剩下的使用"旋转"工具旋转阵列即可，如图8-126所示。

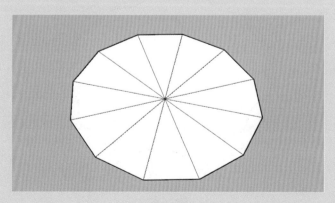

图8-126

STEP 06 在多边形上绘制圆弧，然后使用"旋转"工具旋转阵列，如图8-127所示。

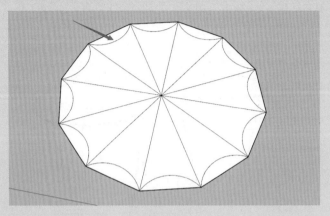

图8-127

STEP 07 在多边形上绘制圆弧，然后使用"旋转"工具旋转阵列，如图8-128所示。

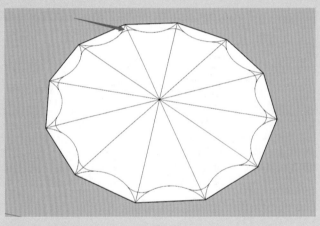

图8-128

STEP 08 将多余的线面删除，如图8-129所示。

图8-129

STEP 09　使用"推拉"工具将面推拉适合的高度,选中模型将其做成群组,然后选择"自由比例变形"→FredoScale插件中的"变形框扭曲"工具,单击最上面的方块,旋转扭曲180°,如图8-130所示,效果如图8-131所示。

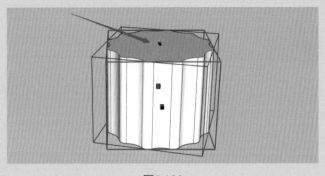

图8-130

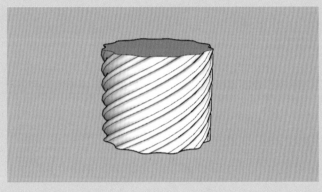

图8-131

STEP 10　选择群组,单击"FFD变形"插件工具按钮,弹出如图8-132所示的对话框,单击"好"按钮生成"FFD变形控制点",如图8-133所示。

图8-132

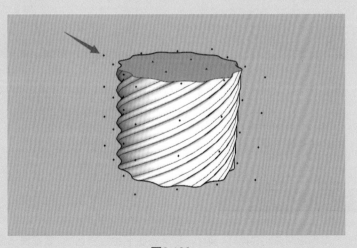

图8-133

STEP 11　双击"FFD变形控制点"会进入控制点的组内,选中最上面一排控制点,使用"缩放"命令将其向中心缩小，效果如图8-134所示。

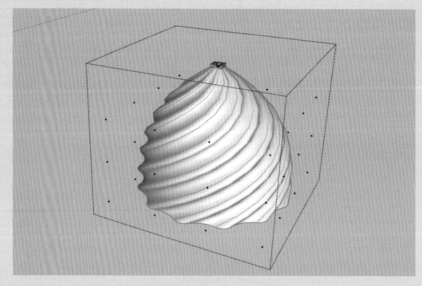

图8-134

STEP 12 退出群组后，将FFD控制点群组删除，将做好的冰激凌缩放到合适尺寸并放置在冰激凌筒上，如图8-135所示。

图8-135

8.2.6 莫比乌斯环

本例绘制莫比乌斯环，莫比乌斯环在生活也经常遇到，象征着永恒，在绘制时并非画出造型那么简单，还要确保 UV 结构的正确。

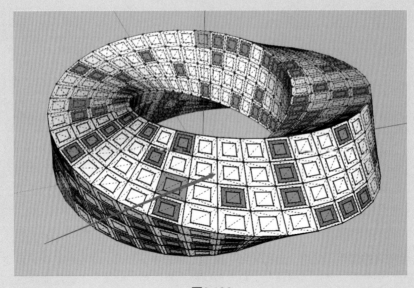

图8-136

　　这个模型其实是先做出一半，另外一半通过镜像得到。首先需要一个直的模型，然后将其扭转并弯曲。具体的操作流程如下。

STEP 01　使用"矩形"工具绘制一个边长100×100的矩形，使用"偏移"工具将矩形向内偏移一段距离，并将矩形做成组件，如图8-137所示。

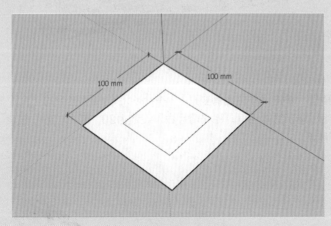

图8-137

STEP 02　选中组件，横向复制3个，然后选中全部4个模型，横向复制19个，如图8-138所示。

图8-138

STEP 03　选中这20个组件进行旋转移动复制，最终拼成方柱形状，如图8-139所示。

第8章　经典建模

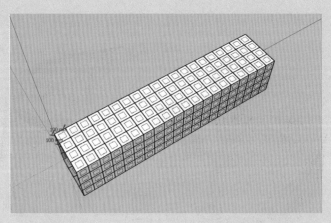

图8-139

STEP 04　选中所有的组件，使用"随机选择"插件工具选中一部分，然后将这部分设定为唯一。双击进入其中的一个组件中，使用"偏移"工具向内偏移，再使用"材质"工具添加颜色，如图8-140所示。

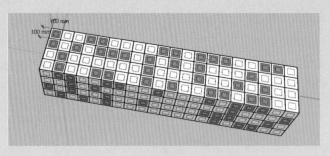

图8-140

STEP 05　选中整个模型，单击"自由比例变形"→FredoScale插件中的"变形框扭转"工具按钮，按Tab键弹出如图8-141所示的对话框，将"切片数"设置为20，单击"好"按钮，然后单击方块，扭曲90°，如图8-142所示。

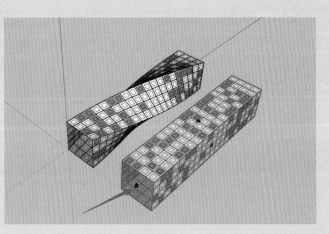

图8-141　　　　　　　　　　　　　　　　　　　　图8-142

STEP 06 选中整个模型，单击"自由比例变形"→FredoScale插件中的"径向自由弯曲"工具按钮，按Tab键弹出如图8-143所示的对话框，设置"切片数"为20，单击"好"按钮，然后单击模型长边上的两个端点，扭曲180°，生成的效果如图8-144所示。

图8-143

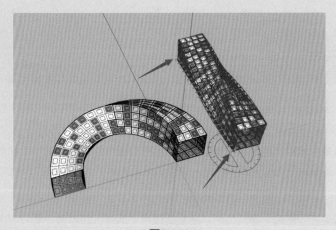

图8-144

STEP 07 选中模型并移动复制一份，然后使用"镜像"插件将其垂直镜像一次，水平再镜像一次，最后把这两个模型合并在一起，完成后的效果如图8-145所示。

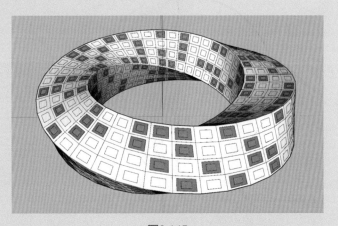

图8-145

本例制作热气球模型，如图 8-146 所示，造型上也比较常见，球面是建模的难点。

图8-146

热气球的气球部分类似球体，表面的造型也是扭曲的、倾斜的路径，这里其实也是画好一个组件后，其他的组件通过旋转复制得到。热气球下半部分载人的部分就很简单了，通过基础的推拉和放样得到。在边缘的地方可以适当使用倒角插件进行倒角，使其边缘更光滑。具体的操作流程如下。

STEP 01 将热气球图片拖入绘图区，并在热气球中心位置使用"直线"工具向下画直线，再使用"圆弧"工具按照参考图片将一侧的轮廓描出来。注意在使用"圆弧"工具时，要设置圆弧的段数，第一次可以设置24段，第二次可以设置成5段，最后封面，如图8-147所示。

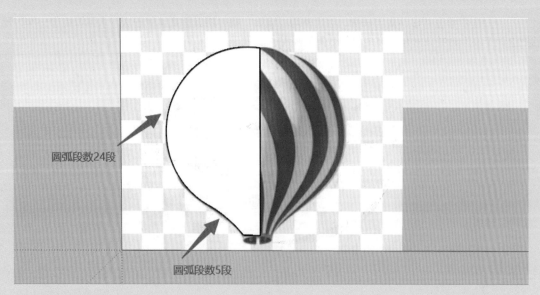

圆弧段数24段

圆弧段数5段

图8-147

STEP 02 将参考图片删除，在面的下方绘制一个边数为24的多边形，如图8-148所示。

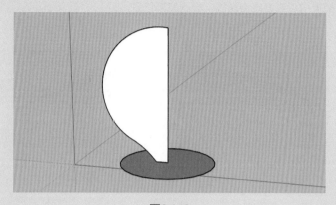

图8-148

STEP 03 选中底下的圆，选中"路径跟随"工具，单击热气球的截面，完成放样，如图8-149所示。

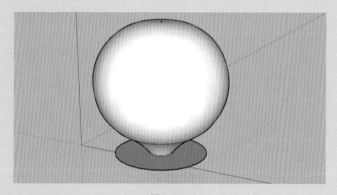

图8-149

STEP 04 将底下的圆删除，然后三击模型。在模型上右击，在弹出的快捷菜单中选择"柔滑/平滑边线"选项，将默认面板中的"法线之间的角度"滑块拖曳到最左侧，使其出现结构线，如图8-150所示，再把这个模型做成群组，效果如图8-151所示。

图8-150

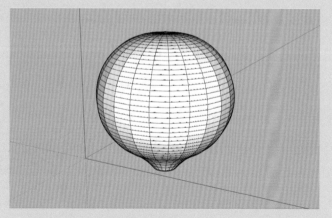

图8-151

STEP 05 在模型组外画线，在顶端中心画一条垂直的线作为参照，然后参考图8-152~图8-153所示的位置，一直倾斜着捕捉中点或者端点画线，画到底部位置。

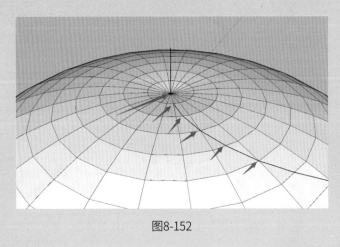

图8-152

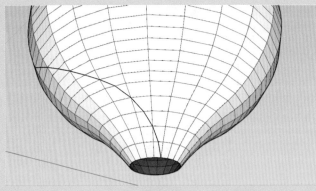

图8-153

STEP 06 选择沿着模型所画的倾斜线和参照线复制一份，将其旋转复制，旋转中心就是顶端画的参照线，旋转复制的角度为15°，如图8-154所示。

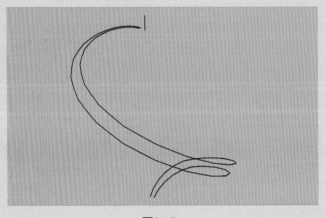

图8-154

STEP 07 在这两个曲线中间画一条直线连接两条曲线，然后再画一条直线垂直于这条连接的线，再用

"两点圆弧"工具参考这两条直线画一个圆弧，如图8-155所示。

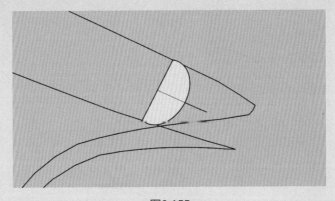

图8-155

STEP 08 将这个模型复制一份，如图8-156所示。

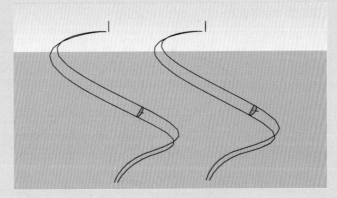

图8-156

STEP 09 分别将不需要的线和面删除，再用直线将上下两端连接闭合，如图8-157所示。

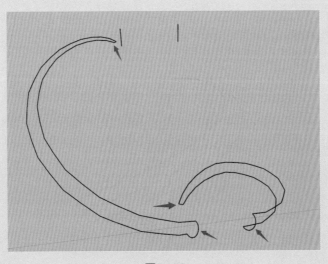

图8-157

STEP 10 分别使用"曲线放样"→Fredo Loft by Spline插件中的"轮廓放样"→Fredo Skin Contours工具进行封面，效果如图8-158所示。

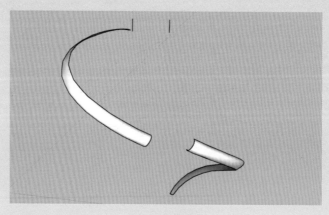

图8-158

STEP 11 移动模型，将这两个曲面合在一起，如图8-159所示。

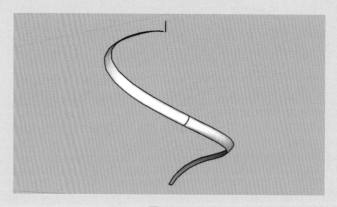

图8-159

STEP 12 将生成的两个曲面分别"炸开"，再做成一个组件，然后把这个组件旋转复制出来，旋转角度为15°，如图8-160所示。

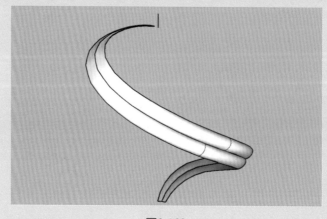

图8-160

STEP 13 选择其中的一个组件，在其上右击，在弹出的快捷菜单中选择"设定为唯一"选项，然后再选择这两个组件并旋转复制，角度为30°，然后输入*11按Enter键确认，这样热气球的面部分就完成了，如图8-161所示。

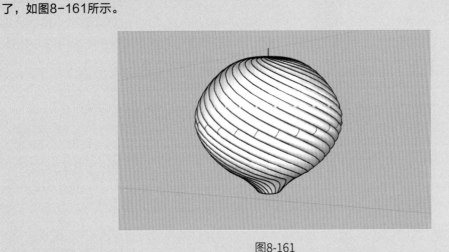

图8-161

下方载人部分的模型，采用普通的绘制面和推拉、缩放等操作得到，在边缘的位置建议使用倒角插件进行倒角，方法简单就不再赘述了。